코르도바 대모스크

중세 스페인 이슬람제국의 성소

코르도바 대모스크

중세 스페인 이슬람제국의 성소

홍성우 지음

씨
아이
알

들어가며

차량 이름으로 익숙한 'Tucson'이라는 단어를 처음 보았을 때 도시에 대한 관심보다는 어떻게 발음되는지 가장 궁금하였다. 인터넷이라는 단어 자체가 익숙하지 않은 시절이라 추측만 하면서 궁금해하다가 "웰컴 투 투산"이라는 기장의 인사말이 기내에서 흘러나오는 순간 '툭손', '턱선', '투크손' 중 하나일 거라는 예상은 여지없이 빗나가 버렸다. "어떻게 '투산'이지"라는 생각에 쓴웃음을 지으며 공항 문을 나서자 사막의 뜨거운 열기와 더불어 이름만큼 특이한 냄새와 이국적인 풍경은 새로운 시작이라는 강한 인상을 주기에 충분하였다. 처음 방문한 캠퍼스는 올드 메인Old Main 건물을 중심으로 신전의 열주같이 좌우로 늘어서 있는 야자수 나무와 다양한 모양의 선인장들도 인상적이었지만, 무엇보다도 붉은 벽돌건물들 옆에 심어져 있는 오렌지 나무의 열매들이 투산 특유의 아름다운 석양을 받아 황금빛으로 빛나고 있는 것이었다. 시간이 지남에 따라 나무 아래의 오렌지 수가 더 많아져도 호기심의 손길에 사라지는 것 없이 이듬해 봄에는 난생 처음 맡아보는 오렌지 꽃향기가 새로운 활력을 불어넣어 주며 나의 유학생활을 함께하였다.

건축대학 건물 2층에 있는 대학원 연구실에는 다양한 국가에서 온 학생들이 있었는데, 사막의 기후와 유사성 때문인지 중동지역 출신의 학생들이 많이 있었다. 연구실 내부는 이동식 칸막이로 구획된 동일한 규격의 공간이 배정되었는데, 그중 공간적인 여유가 조금 더 있어 보이는 가장자리는 시리아Syria에서 온 120kg은 넘어 보이는 턱수염을 한 학생의 자리였다. 좁은 공간을 가득 채운 가구들을 보면 상당히 오랜 기간 그 자리를 지킨 것 같았다. 아침마다 수업시작 전에 연구실에 가면 가장 일찍 나와서 학생들을 반기는 거구의 손가락에는 앙증맞은 에스프레소 잔이 들려 있곤 했는데, 한약보다 더 쓴 진한 커피로 하루를 시작하는 모습이 인상적이었다. 그러나 이보다 더 인상적인 것은 좁은 공간 내부 바닥에 양탄자를 깔고 어떠한 조각상 또는 사진도 없이 텅 빈 파티션을 향하여 일정한 시간에 육중한 몸을 비좁은 공간 속에서 움직이며 기도하는 모습이었다. 기도 방향을 30° 정도 오른쪽으로 향하면 좁은 공간을 훨씬 효율적으로 사용할 수 있을 텐데, 가구에 부딪히지 않으려고 허둥거리며 기도하는 모습을 보며 공간 능력이 떨어지는 건축과 학생으로 생각하였다.

박사과정을 위하여 정들었던 투산을 떠날 때 무엇보다 아쉬운 것은 파란색 물감을 수십 번 덧바른 듯한 짙푸른 하늘과 강렬한 태양의 열기에 익어가던 오렌지의 탐스러움과 꽃향기였다. 건축물의 보전 복구 분야를 연구하고자 하였던 계획은 '하이 고딕건축과 구조적 특성'에 관한 수업을 듣고 난 뒤 고딕건축물에 매료되어 완전히 새로운 학문으로 느껴지는 분야의 연구를 시작하였다. 서양건축에 대한 체계적인 교육이 부족하였던 당시, 새로운 용어와 정보를 습득하고 이해하는 데 정신없는 시간을 보냈었다. 수업과는 별개로 매주 한 번 이상 지도교수님 연구실에서 연구주제에 대한 보고와 토론이 이루어졌는데, 이 시간은 지금의 나를 만든 소

그림 1 코르도바 대모스크 기도실 내부(미국의회도서관)

중한 시간이었지만 항상 손에 땀을 훔치는 긴장의 시간이기도 했다. 토의 중 말문이 막히거나 당황스러울 때는 종종 교수님 후면 벽에 걸려 있는 흑백의 사진 한 장에 시선이 머무르곤 하였다. 특히 교수님을 기다리며 혼자 있을 때면 사진 속의 끝없이 반복하는 아치들의 소실점으로 빨려 들어가 몽환적인 느낌 속에서 헤매며 그날 부족한 준비의 불안감을 잊곤 하였다. 얼룩말 무늬와 같은 형상의 이단 아치들로 구성된 독특한 건물에 대한 궁금증이 시간이 지나갈수록 커져만 갔지만 한가롭게 연구주제와 관계없는 건물을 찾아보며 호기심을 해결할 시간적인 여유, 아니 마음의 여유가 없었다. 아마도 언젠가는 만나게 되는 미지의 건물로 남겨두어 사진으로부터의 위로와 편안함을 느끼고 싶었기 때문이었던 것 같다.

귀국하여 교수님의 연구실과 멀어진 거리만큼 긴장감을 완화시켜주던 이국적인 형태의 몽환적인 흑백 사진 속의 건물에 대한 기억은 고딕건축과 관련된 건물이 아니라 이슬람 사원이라는 사실만 확인한 채 사진 속에 멀리 있는 기둥들같이 점점 흐릿해져 갔다. 대학에서 서양건축사 강의를 하면서도 이슬람 양식에 대해서는 비잔틴 양식의 대표적인 건물이자 현새 이슬람 사원으로 사용되는 하기아 소피아*Hagia Sophia* 교회를 바탕으로 한 블루모스크*Sultan Ahmed Mosque*와 타즈 마할*Taj Mahal*과 같은 이슬람 양식의 건물이 만들어졌다는 정도의 소개였으며, 끝을 알 수 없는 기둥들의 숲을 파헤쳐 볼 생각은 하지 못하였다. 이러한 배경에는 서구 중심의 역사관과 이슬람문화에 대한 편견으로 건축역사에서는 중요하게 다루어지지 않았기 때문이다.

인간의 사고는 유연하지만 자신이 보는 것만 믿게 되고 믿음이 확신으로 변하듯이 한번 고착화된 생각은 쉽게 변하지 않는 것 같다. '이슬람'이라는 단어를 떠올리면 세계사 교육에서 세뇌되었던 "한 손에는 칼을, 한 손에는 코란"이라는 문구가 가장 먼저 떠오르며, 이에 대해 일련의 의심과 진위의 확인 없이 믿어 왔다는 것만 해도 분명하다. 이러한 편견은 13세기 신학자이자 스콜라 철학자인 토마스 아퀴나스*Thomas Aquinas*에 의해 강조된 서구인들의 고착된 사고라고 설명하고 있지만, 출처를 찾기는 힘들고, 에드워드 기번*Edward Gibbon*의 『로마제국흥망사*The History of the Decline and Fall of the Roman Empire*』(1776)에 이와 유사한 내용이 나오는데 "마호메드, 한 손에는 칼을 다른 손에는 코란을 들고 기독교와 로마의 폐허 위에 그의 왕좌를 세웠다"이다. 사실 그동안 이슬람이란 종교는 십자군 전쟁부터 성전을 부르짖으며, 자신들의 종교에 굴복하지 않는 그리스도인을 잔혹하게 처형하는 광신적인 종교집단으로 생각하였다. 이러한 사고의 경직에 결정적으로 영향을 준 것은, 2001년 9월 11일 지구상 모든 이들을 경악에 빠트리게 한 하나의 사건에 기인한 것 같다. 세계 경제의 상징이었고 미국의 자부심이었던 세계무역센터 World Trade Center 가 화염에 싸여 마치 파괴공학의 진수를 보여주듯이 무너져 내리면서 무고한 민간인이 희생당하는 광경은 어떠한 글보다도 시각적인 행위가 이슬람에 대한 편견을 고착화하도록 하였다. 이러한 충격적인 사건으로 인하여 이슬람 건축에 관한 무의식적인 외면은 한때 나의 불안감을 잠재워 주었던 사진 속의 건물과 점점 더 멀어지게 되었다.

이 사건 이후 외국 여행을 하다 히잡 hijab 과 같은 독특한 복장을 하지 않아도 중동인 특유의 외형을 한 사람을 만나게 되면 왠지 경계의 동작을 취하며 긴장하게 되는데, 유학시절 중동지역으로부터 온 많은 학생과 친분을 쌓으며 보냈던 시절을 회상하면 왠지 쓴웃음이 났었다. 9·11사태 이후에도 이슬람 과격단체에 의해 지속적으로 자행된 많은 테러를 다양한 매체를 통하여 접하면서 더욱 경직되어버린 사고를 변하게 한 것은, 기억 한편에 담아두었던 건물을 우연한 기회에 방문하게 된 이후부터였다. 계획 없이 즉흥적으로 이루어진 스페인 여행에서 마주하게 된 건물이 오랜 시간 보았었던 흑백 사진 속의 건물이라는 것을 알아차리는 데는 그렇게 오랜 시간이 걸리지 않았다.

오랜만에 고향에 돌아온 듯 오렌지 향기로 가득한 정원을 거닐며 지난 시절의 향수를 느끼다가 건물 내부에 들어선 순간, 흑백이 반복하는 아치 arch 가 아니라 방향을 가늠하기 힘들 정도로 무한히 반복하는 아치와 기둥들의 숲에서 붉은색과 흰색이 교차하는 화사한 모습으로 꽃단장하고서 맞이하고 있었다. 내부를 가득 채운 관광객들로 인하여 사진에서와 같이 끝없이 반복되는 아치와 기둥의 향연을 다시 느끼기에는 부족하였지만 지난 시간의 추억들을 끌어내기에는 충분하였다. 동일한 규모와 형태의 반복 속에서 방향성을 잃고 헤매다가 마주하게 된 고딕과 바로크 양식이 혼재되어 있는 교회 건물은 마치 건물 속에 또 다른 건물이 공존하고 있는 종교의 하이브리드 hybrid 같이 특이한 구성으로 호기심을 자극하였다. 그러나 새롭게 신축하지 않고 이슬람 사원 내부에 교회를 건축한 것이 독특할 뿐이지 전체 구성은 일반적인 대성당의 배치방식을 따르고 있었다. 쉴레이마니예 모스크 Süleymaniye Mosque 와 블루모스크 Sultan Ahmed Mosque 의 거대한 돔으로 구성된 체육관과 같은 기도홀을 경험한 것이 전부였던 당시 상대적으로 낮고 끝없이 펼쳐지는 기둥들의 숲에서 어떻게 이슬람 신도들은 설교를 듣고 어떠한 방식으로 종교 행위를 하였는지, 위치를 정확하게 측정할 수 있는 방법이 없던 당시 어떻게 메카를 향하여 건물을 배치하였는지, 오랜 기간 동안 이슬람 점령지였던 스페인에서 남겨진 흔적이 없는 이슬람 사원이 어떻게 이곳에서는 파괴되지 않고 살아남을 수 있었는지, 수없이 많은 궁금증을 가득 안고 아쉬움의 발걸음을 돌려야 했다.

그랜드 캐니언 Grand Canyon 과 같이 자연이 창조한 장엄함과 경이로움은 다른 설명 없이 보는 것 자체만으로 감탄하고 감동한다. 인간이 창조한 건축물에서도 이와 같은 감동을 느낄 수 있지만, 건물에 대한 지식이 많아지면 많아질수록 이러한 감동은 더 커질 수 있다. 따라서 건축물을 즐기기 위해서는 단순히 보는 것으로 만족하지 않고 더 많은 것을 보기 위해 세부적인 구성요소들에 대한 일반화된 지식들이 필요하다. 예를 들면 시트러스 Citrus 계열의 과일을 모두 오렌지로 알고 있는 것보다는 우리가 흔히 접하는 감귤, 오렌지, 레몬 그리고 심지어 라임 lime 등이 여기에 속한다는 것을 알고, 이러한 과일의 모양과 맛의 차이를 구분할 수 있으면 각각의 특성과 다양성을 더 즐길 수 있는 것과 같다. 이처럼 유럽의 도시를 방문하면 비슷하게만 보이는 오래된 건축물들의 양식적인 특성과 도릭, 이오닉, 코린트와 같은 기둥의 차이를 구분할 수 있는 지식만 겸비하여도 건물을 보는 힘과 즐거움이 증가할 것이다.

일반인뿐만 아니라 심지어 건축을 공부하는 사람들도 서양건축에 관심을 가지고 지식을 습득하려고 노력할 때 마주하는 가장 큰 어려움은 새롭게 접하는 건축 관련 용어들인데, 번역된 단어도 이해가 힘들 뿐 아니라 저자에 따라 통일된 방식으로 사용하지 않기 때문에 혼란을 느낀다. 예를 들어 종교건축물에서 많이 볼 수 있는 '니치 niche'는 벽을 움푹하게 하여 조각상과 같은 장식물을 설치할 수 있는 형태를 의미하는데 건축용어로 '벽감壁龕'이라는 단어로 주로 번역한다. 니치도 외래어이지만 '벽에 만든 감실龕室'이라는 의미의 벽감 또한 새로운 외래어같이 쉽게 이해되지 않는데, 감실이라는 단어에 또 다른 어려움이 따르기 때문이다. 한자어 '감실 감龕'은 건물보다 작은 규모의 공간을 의미한다고 한다. 새로운 한자어를 알아가며 문해력을 키우는 즐거움이 있을 수 있지만 서양 건축 관련 용어를 습득하면서 익숙하지 않은 한자어를 학습한다는 것은 고통을 넘어 포기하도록 만들어 버릴 수도 있다.

최근 다양한 매체를 통하여 서양 건축 관련 정보와 지식을 쉽게 습득할 수 있는데, 한자어를 바탕으로 번역된 용어의 맹목적인 암기보다는 외래어 자체를 이해하는 것이 또 다른 번역의 단계를 거치지 않고 직관성을 높이는 데 훨씬 효과적일 것이다. 그러나 건축 관련 외래 용어를 습득하여도 서양이라는 지역 자체가 다양한 민족의 국가들로 구성되어 있기 때문에 저자에 따라 명칭을 달리 사용하고 있어 또 다른 혼란에 빠질 수도 있다. 예를 들면 이탈리아의 도시 피렌체Firenze의 경우 영어권에서는 플로렌스Florence라고 하며, 무슬림이 기도하는 장소인 이슬람 사원의 경우 아랍에서는 마스지드masjid, 스페인에서는 메즈키타mezquita, 영어에서는 모스크mosque 라고 한다. 또한, 동일한 단어도 지역에 따라 다양하게 발음되는데, 로마 멸망 후 새롭게 시로마황제에 오른 프랑크왕 샤를마뉴 Charlemagne, Charles the Great 의 '샤를Charles'은 영어권에서는 '찰스'로 불린다. 영어권에서도 영국과 미국식 발음에 따라 차이가 나는데 '이오닉 양식 Ionic Order'의 경우 미국에서는 '아이오닉 양식'으로 발음하여 자막이나 자료 없이 강연을 들을 경우에는 좀 더 집중력이 요구된다. 외래어로 된 건축 관련 용어는 그 지역에서 통용되는 단어를 사용하는 것이 가장 바람직하나 대부분의 자료와 정보가 영어로 저술되었거나 번역되어 있기 때문에 영어로 이해하는 것이 가장 효과적일 것이다. 따라서 서양 건축 용어와 이슬람 관련 단어들은 한글로 번역되어 일반화된 단어를 제외하고는 현재 통용되는 현대 영어를 중심으로 표기하였으며, 영어를 제외한 아랍어와 외래어는 이탤릭체로 표기하였다. 그리고 사용된 외래어는 가능하면 반복적으로 병기하여 익숙하도록 하였다.

예지자 무함마드Prophet Muhammad 가 메카에서 메디나Medina 로 이주하여 이슬람이라는 종교국가를 설립한 지 반세기가 채 지나기도 전에 스페인 남부지역을 포함하여 역사상 선례가 없을 정도의 넓은 지역을 점령한 이슬람이란 종교가 무엇이며, 이슬람의 예술과 건축양식들은 어떠하였는지, 그리고 아랍을 기반으로 한 이슬람문화가 어떻게 서유럽에서 발전할 수 있는지를 먼저 살펴본 뒤, 미지의 건물이었던 코르도바 대모스크Great Mosque of Córdoba 를 향한 여행을 시작하고자 한다.

목 차

제1장

이슬람이란 무엇인가?

제1장

이슬람이란 무엇인가?

일반적으로 이슬람 건축양식을 로마네스크 Romanesque , 고딕 Gothic , 바로크 Baroque 등과 같이 특정 시대 또는 아랍지역의 양식으로 생각한다. 사실 이슬람 건축은 불교 건축, 초기 그리스도교 건축과 같이 이슬람이라는 종교와 관련된 양식이다. 따라서 이슬람 건축을 이해하기 위하여서는 이슬람이 무엇인지 이해하는 것이 우선되어야 할 것이다.

이슬람 Islam

'하나님의 뜻에 순종한다'는 의미의 아랍어 '이슬람 Islam '은 7세기 아랍 반도에서 '예지자 무함마드 Prophet Muhammad '에 의해 창시된 종교이다. 무함마드에게 계시된 하나님의 말씀인 '꾸란 Quran '과 무함마드의 가르침을 바탕으로 한 유일신 사상의 종교를 믿는 이슬람교도를 '무슬림 Muslim '이라고 부른다. 이슬람은 세계 5대 종교 중 가장 젊은 종교지만 두 번째로 많은 18억 명 이상의 신도를 가지고 있는 종교이다.

이슬람은 '아브라함 일신교사상Abrahamic monotheistic religion'을 근원으로 하고 있다고 설명하면 대부분은 이해하지 못하는 표정을 하지만, 유대교와 그리스도교에서 믿는 유일신 사상인 '하나님'과 같은 하나님을 믿는 종교라고 설명하면 다들 놀란다. 그리스도교 유일신을 우리는 '하나님'으로 부르듯이 이와 동일한 신을 유대인들은 히브리어로 '야훼Yahweh'라고 부르며, 무슬림들은 아랍어로 '알라Allah'라고 부르는 것이 다를 뿐이다. 우리가 아는 '알라'는 무슬림들만의 신이 아니라 그리스도인들이 믿는 하나님과 같은 '하나뿐인 신'이며 단지 '하나님'이라고 번역하지 않고 '알라'라고 부르기 때문에 다르게 구분되는 것이다. 따라서 이슬람이란 종교는 무함마드에 의해 창조된 '알라'라는 새로운 신을 믿도록 하는 종교가 아니라, 아담, 노아, 아브라함, 모세, 예수와 같은 '예지자Prophet'들에게 전해진 하나님의 계시가 왜곡되고 변형되었다고 생각한 하나님이 무함마드를 마지막 예지자로 선정하여 최후의 심판의 날이 도래하기 전까지 더 이상 수정 및 변경할 수 없는 계시를 기록하도록 하여 하나님 한 분만을 경배하고 그분의 말씀을 따라 생활하기를 바라는 종교이다.

무함마드는 누구인가?

무함마드는 아랍의 종교, 사회, 정치적인 지도자이며 이슬람 신앙의 창시자이다. 이슬람 경전인 꾸란Quran에 따르면 하나님으로부터 천사 가브리엘을 통해 계시받은 마지막 예지자로서 그의 사명은 하나님을 제외한 다른 신들에 대한 숭배를 거부하고, 오직 하나님을 찬양하고 순종하도록 사람들에게 전도하는 것이었다. 그는 우상 숭배, 사회적 불의, 비윤리

적 행동에 반대하며, 인간관계에서의 동정, 정의, 친절 그리고 자비의 중
요성을 강조하였으며, 그의 삶과 가르침은 이슬람 신도인 무슬림에게 모
범적인 것으로 여겨졌다.

아랍어의 변이로 인하여 과거에 모하메드Mohammed , 마호메드Mahomet
라고 불린 예지자 무함마드Prophet Muhammad, Muhammad ibn Abdullah 는 570
년경 현재 사우디아라비아Saudi Arabia 의 메카Mecca 에서 태어났다. 태어나
기 전에 부친이 사망하고 6세 되던 해에 모친 또한 사망하여 할아버지 밑
에서 자라다가 그 또한 사망 후 어린 나이에 삼촌을 따라 무역 활동을 하
였다. 삼촌의 소개로 부자이자 과부인 카디자Khadijah 의 고용인이 되어 시
리아 대상무역을 성공한 뒤, 25세의 나이에 15세 연상인 카디자와 결혼하
여 경제적인 안정을 누리게 되었다. 생활이 안정된 후 금식과 사색 등 진
리를 추구하였는데, 610년경 40세가 되었을 때 라마단의 축복받은 밤 메
카 근처 히라산의 동굴Cave of Hira 에서 천사 가브리엘Gabriel, Jibril 로부터
첫 번째 하나님의 계시를 받았다고 한다. 전하는 바에 따르면 가브리엘이
나타나 하나님의 말씀을 전하고 읽으라고 명령하였으나 무함마드는 문맹
이었기 때문에 읽을 수 없다고 하였다. 그러나 가브리엘은 계속해서 강요
하며 다음의 절을 무함마드에게 낭독하였다고 한다.

"너의 주님의 이름으로 읽어라.

창조하신 주의 이름으로 읽어라.

너의 주님은 가장 관대하신 분이시다.

펜으로 알지 못하던 사람에게 가르치셨다." 『Surah Al-Alaq 96:1-5』

이 사건은 무함마드의 예언자로의 시작이자, 이후 23년간 계속되었던

계시의 시작으로 여겨지며, 이러한 계시들은 무함마드 사후 이슬람의 성경인 꾸란으로 편집되었다.

아브라함계 종교에서 대천사 중 하나인 가브리엘은 하나님의 계시를 인간에게 전하는 천사로 구약, 신약 그리고 꾸란에 등장하는데, 처녀의 순수성을 상징하는 백합을 왼손에 들고 다른 손으로는 검지와 중지를 모으고 성모 마리아를 향하여 "성령에 의해 처녀의 몸으로 예수그리스도를 잉태할 것"이라는 누가복음서 Gospel of Luke 에 나오는 수태고지 annunciation 의 내용은 르네상스 화가들의 관심을 불러일으켜 레오나르도 다 빈치를 비롯하여 많은 화가의 주제가 되었다(그림 2).

그림 2 레오나르도 다 빈치의 〈수태고지〉(1475, Uffizi 미술관)

그중 가장 주목할 만한 예술작품 중 하나는 프랑스왕 대관식의 장소로 사용되었던 랭스대성당 Reims Cathedral 중앙입구 central portal 우측 기둥 jamb 에 고개를 숙인 성모 마리아를 향하여 천사의 날개로 옷 주름을 잡고 고개를 살포시 돌려 미소 짓고 있는 가브리엘의 모습이다(그림 3). 미소의 천사 smiling angel 로 유명한 가브리엘 조각상은 13세기 말 고딕시대의 작품임

그림 3 프랑스 랭스대성당 입구 가브리엘 천사(DIMSFIKAS at Greek Wikipedia, CC BY-SA 3.0)

에도 불구하고 단조롭고 경직된 형태에서 벗어나 엄숙한 종교 작품에 감정을 표현하여 중세의 암흑을 벗어내고 다가올 르네상스를 예견하는 뛰어난 작품으로, 이를 보기 위하여 매년 수많은 사람이 방문하고 있다.

또 다른 예술가의 작품은 가브리엘이 무함마드에게 읽고 쓰는 능력을 전하는 모습을 상상할 수 있는 장면으로, 바로크시대의 대표적인 화가 카라바죠Michelangelo Merisi da Caravaggio(1571~1610)의 제2차 세계대전 말 소실되어 흑백의 사진밖에 남아있지 않은 〈성 마태와 천사Saint Matthew and the Angel〉(1602)라는 작품이다(그림 4, 왼쪽). 여성적인 앳된 천사의 모습을 한 가브리엘이 문맹인 마태의 손을 잡고 복음서를 서술하도록 하는 장면은 제단의 중심에 걸어두기에는 너무 사실적이고 불경스러운 표현이어서 주교로부터 거절된 후, 좀 더 순화된 형태의 그림 〈성 마태의 영감The Inspiration of Saint Matthew〉(1602)이 현재 로마 성 루이 교회San Luigi dei Francesi의 콘타렐리 채플Contarelli Chapel 제단 중심에 걸려 있다(그림 4, 오른쪽). 짧은 기간에

그림 4 카라바죠의 〈성 마태와 천사〉(좌), 〈성 마태의 영감〉(우)

다시 작업한 새로운 작품에서 여전히 어린 천사의 모습이지만 좀 더 남성적인 모습의 가브리엘이 허공에서 손짓하며 계시를 내리면, 세련된 복장을 한 마태 성인이 황급히 책상으로 달려가 긴장된 자세로 가브리엘을 바라다보며 한 마디도 놓치지 않으려는 결연한 엄숙함을 보이고 있는 모습은 성당 관계자들을 만족시켰을 것이다. 그러나 작품의 완성도는 이전의 작품보다 떨어지는데, 사실성은 별개로 하고 급히 마무리한 듯한 가구와 몸의 비현실적인 표현은 소실된 작품에 대한 아쉬움이 더 크게 느껴진다.

현실에서 일어나기 힘든 일의 묘사는 심지어 동일한 작가에 의해서도 다양하게 표현될 수 있듯이 가브리엘로부터 계시를 받는 당시의 무함마드의 모습은 다양한 방법으로 상상할 수 있을 것이다(그림 5).

가브리엘로부터 하나님의 계시를 받은 613년부터 하나님의 말씀을 전

그림 5 가브리엘 천사로부터 계시를 받는 무함마드(Mustafa ibn Vali, 16세기)

도하던 무함마드와 그의 추종자들은 종교적 신념과 실천을 이유로 우상
숭배자들로부터 박해와 반목을 피해 622년 메카Mecca 에서 북쪽으로 450
km 떨어진 메디나Medina 로 이주하였다. 이를 이주라는 의미의 아랍어 '히
즈라Hijrah'라고 하는데, 이는 이슬람의 기원으로 이슬람 달력의 시작이 되
었다. 히즈라는 이슬람 역사에서 상당히 중요한데, 단순히 안전한 피난처
의 확보가 아니라 이슬람 국가의 설립, 무슬림 공동체의 통합 그리고 무
함마드의 예언의 지속을 의미하며, 역경에 직면한 무함마드와 그의 추종
자들의 인내, 헌신 및 신앙을 보여줌과 동시에 이슬람 전파의 전환점이 되
었다.

　메디나로 이주 후 10년 동안 무함마드는 계속해서 신의 계시를 받으며

코르도바 대모스크_중세 스페인 이슬람제국의 성소

성장하는 이슬람국가를 통솔하고 법의 원칙을 수립하였다. 그는 원정을 이끌고 이슬람의 메시지를 전파하며, 신앙, 숭배 및 사회행동에 관하여 무슬림들을 인도한 뒤 632년 6월 8일에 메디나에서 세상을 떠났다. '예지자의 사망Wafat al-Nabi'의 날 무함마드는 마지막으로 제자들에게 이슬람의 가르침을 따르고 서로를 진절하고 공정하게 대하도록 강조했다. 하나님이 무함마드에게 계시한 꾸란Quran 과 더불어 무함마드의 행동과 말씀을 전한 하디스hadith 와 순나Sunnah 는 무슬림에게 이슬람의 가르침을 이해하고 실천하는 데 중요한 지침의 원천으로 여긴다.

코란Koran 또는 꾸란Quran?

우리에게 익숙한 '한 손에는 코란Koran 을 든 모하메드Mohamed '는 최근 발간되는 영어 서적에서는 찾아보기 힘든데, 이는 '꾸란Quran 을 든 무함마드Muhammad '로 바뀌어 있기 때문이다. '암송'이라는 의미의 꾸란은 표준 아랍어 발음을 기반으로 한 현대 영어 표기법으로 옛날 영어 코란Koran 은 사용되지 않으며, 중세 라틴어인 헤지라Hegira 도 히즈라Hijrah, Hijra 로 대체되었다.

무함마드를 '마지막 예지자Seal of the Prophets '로 선정한 하나님이 대천사 가브리엘을 통하여 23년간 계시한 것이 '꾸란Quran '이다. 이러한 배경에는 알렉산드리아교회의 사제 아리우스Arius 가 주장한 예수의 신성을 부인한 것과 일치하는데, 니케아공의회The First Council of Nicaea(325)에서 이단으로 배척되고 삼위일체설 trinity 이 정식으로 채택되어 '예수를 하나님과 동일시하여' 일신론 신앙이 훼손되었다고 판단한 것으로 볼 수 있다. 따라서 꾸란에서는 "무함마드는 너희들의 주님은 아니지만, 하나님의 사도이자 마지막 예지자이다. 하나님은 모든 것을 아신다."(『꾸란』 33:40)라고 계시하며, 무함마드를 삼위일체의 예수와 같이 하나님과 동일시하는 것을 경고하고 있다. 꾸란은 최종적이고 완전한 계시로 여겨지며, 하나님의 글자 그대로 무함마드에게 계시되었다고 무슬림들은 믿는다. 꾸란은 수라surah 라 불리는 총 114개의 장chapter 으로 나뉘어 있고, 각각의 장은 아야 ayah 라 불리는 절로 세분되어 있다. 꾸란에는 신학, 법, 도덕, 숭배, 가정생활, 사회적 문제, 개인과 공동체 발전을 위한 안내 등 다양한 주제를 다루고 있으며, 삶에 대한 지침과 꾸란의 가르침에 따라 의로운 삶을 살도록 인도한다.

꾸란의 가르침과 더불어 무함마드의 말과 행동 및 관습에 관한 가르침과 규범을 기록한 하디스hadith 와 순나sunnah 를 바탕으로 무슬림들은 신앙과 실천을 행하고 있다. 말씀이라는 의미의 '하디스'와 관습이라는 의미의 '순나'는 예지자 무함마드의 말과 행동, 관습을 전승한 것으로 구전되던 것을 나중에 문서화하였는데, 개인 행동, 종교 의식, 사회 및 정치, 법적 문제 등 다양한 주제에 대한 지침으로 예지자 무함마드의 생활과 가르침에 대한 유용한 정보의 원천으로 간주하고 있다. 예를 들면 꾸란에서 정기적으로 예배를 하여야 한다고 명기되어 있지만 몇 번을 해야 하는지는 언급되어 있지 않는데, 무함마드가 정한 지침에 따라 예배를 하는 것이다. 이러한 것들을 바탕으로 무슬림의 신앙과 행위의 기초로 간주되는 다섯 가지 핵심적인 예배 행위인 '이슬람의 다섯 기둥arkan al-Islam '이 나왔다.

이슬람의 다섯 기둥은 이슬람 신자의 신앙을 정의하고 일상적인 생활에서의 행동을 인도하는 실천 사항으로 무슬림 삶의 근본이자 의무로 간주한다. 여기서 '기둥'이라는 용어는 이러한 행위들이 이슬람의 수행에서 기초적이고 필수적인 성격과 중요성을 나타내기 위해 은유적으로 사용되었다고 볼 수 있는데, 다섯 기둥은 다음과 같다.

1. **신앙고백**_Shahada_ : 첫 번째 기둥은 이슬람의 중심적인 신조로 하나님 외에는 신이 없고, 무함마드는 그의 예지자인 것을 증언하는 것을 포함하는 것으로, 하나님의 유일성과 무함마드의 사도성에 대한 개인의 신앙고백이다.

2. **기도**_Salah_ : 두 번째 기둥은 무슬림이 메카의 카바_Kaaba_를 향해 하루에 다섯 번 수행하는 의무적인 기도이다.

3. **자선**_Zakat_ : 세 번째 기둥은 개인의 부를 일정 비율(일반적으로 저축과 자산의 2.5%)로 가난한 이들에게 기부하는 실천으로, 재산의 정화와 사회적 책임의 표현으로 간주한다.

4. **금식**_Sawm_ : 네 번째 기둥은 이슬람의 라마단_Ramadan_ 달 동안의 금식 관행이다. 새벽부터 해가 질 때까지 음식, 음료 및 기타 육체적인 행위를 자제하는 것으로 자기 훈련, 자기 통제, 영적 숙고의 수단으로 간주한다.

5. **순례**_Hajj_ : 다섯 번째 기둥은 사우디아라비아의 메카에 있는 카바로 가는 순례로, 이슬람 달력의 마지막 달에 행해지는 의식이다. 몸이 건강하고 경제적으로 능력이 있는 무슬림은 일생에 한 번은 해야 하는 의식으로 영적 갱신의 기회로 간주한다.

그러나 하디스에 기록된 가르침과 규범 그리고 순나의 관습은 꾸란과는 달리 무함마드 사후 구전되던 것이 문서화되어 판본마다 다르기 때문에 예지자 무함마드 사망 후 지도자와 계승 문제만큼이나 수니*Sunni* 와 시아*Shia* 와 같은 종파 간에 차이를 보인다. 이러한 차이에도 불구하고 무슬림은 꾸란을 중심으로 이슬람의 핵심적인 신념과 실천을 공유하고 있다.

코르도바 대모스크_중세 스페인 이슬람제국의 성소

제 2 장

이슬람 예술과 건축

제 2 장

이슬람 예술과 건축

그리스도교가 정식종교로 인정되고 난 뒤 가정교회 house church 에서 벗어나 대규모 신도를 수용할 수 있는 교회를 건축하기 시작할 때, 신앙생활과 전례의식을 거행하기 위한 전통적인 건축양식이 없었기 때문에 교회의 기능과 형태를 잘 수용할 수 있는 로마시대 바실리카 basilica 를 채택하여 교회 건축양식을 발전시켜 나갔듯이, 이슬람 사원 또한 고유의 형태를 가지지 못하였기에 정복한 지역의 형태를 변형하여 자신들만의 건축양식을 발전시켜나갔다. 초기 그리스도교, 로마네스크, 고딕 양식과 같이 시간에 따라 교회양식의 변화를 분류할 수 있는 것처럼 이슬람 사원도 우마야드 Umayyad , 아바시드 Abbasid , 오토만 Ottoman 양식 등과 같이 이슬람 왕조에 따라 분류를 하고 있다. 그러나 교회양식의 변화와는 달리 이슬람이 점령한 지역이 광범위하여 점령지역의 건축특성에 따라 독특한 양식과 형태를 창출하였기 때문에, 왕조의 분류에 따라 이슬람 양식을 이해하는 데는 다소 어려움이 따른다. 예를 들면 하기아 소피아 Hagia Sophia 와 같은 비잔틴 교회를 바탕으로 한 오토만 양식의 술탄 아메드 모스크 Sultan Ahmed Mosque 와 우마야드 양식과 스페인 지역양식을 접목한 코르도바 대

코르도바 대모스크_중세 스페인 이슬람제국의 성소

모스크 건물을 비교하면 완전히 다른 종교건축물 같이 여겨진다. 그러나 완전히 달라 보이는 양식 속에서도 공통적으로 적용되는 이슬람 장식예술과 건축요소들을 분류할 수 있는데, 이러한 기본적인 구성요소들을 이해하면 이슬람 양식에 더 쉽게 접근할 수 있을 것이다.

장식예술

이슬람 사원을 방문하면 화려하고 복잡한 장식들에 매료되어 종교적인 감흥과는 별개로 장인들의 뛰어난 기술에 먼저 감탄하게 된다. 아라베스크 arabesque 라고 부르는 독특하고 복잡한 이슬람 장식예술도 조금만 시간을 두고 살펴보면 별과 다각형 같은 기하학적인 패턴들이 조화롭게 구성되어 있으며, 꽃, 잎, 덩굴과 같은 유연한 형태의 곡선과 문양들이 뒤섞여 매혹적인 움직임과 리듬감을 표현하는 것을 볼 수 있다. 따라서 예수님을 포함한 많은 성인의 조각상과 회화로 내·외부를 장엄하게 장식하는 유럽의 대성당과는 달리, 살아있는 형상을 금하는 이슬람 특성상 종교적인 감흥을 위하여 구현한 이슬람 장식예술에는 어떠한 것들이 있는지 살펴보고자 한다.

아라베스크 arabesque

아라베스크는 이탈리아어 아라베스코 arabesco 에서 나온 프랑스어인데 아랍 Arab 과 '~와 유사한' 또는 '~식 양식 esque '이라는 접미어가 붙은 합성어로, 로마네스크 Romanesque 가 '로마 양식과 유사한 양식'이라는 의미로 해석되듯이 '아랍 양식과 유사한 양식' 또는 '아랍풍의 양식'으로 해석된다. 16세기부터 식물 문양으로 화려하게 장식된 것을 아라베스크라고 하였는데, 19세기에는 로코코*Rococo* 또는 고딕부흥Gothic Revival 과 같이 화려한 장식예술과 건축양식을 설명하는 데 많이 사용되기도 하였다. 당시 아라베스크 외에도 스페인과 북아프리카의 이슬람 양식인 무어 양식*Moorish* 과 같은 의미의 모레스크*moresque* 양식과 심지어 그로테스크 *grotesque*가 혼용되면서 이슬람 양식과 유사한 것을 지칭하는 의미로 사용되기도 하였다. 현재 무어 양식 또는 모레스크 양식은 인종적인 문제로 인하여 거의 사용되지 않으며, 그로테스크는 더 이상 이슬람 예술 패턴과 관련된 용어가 아니라, 고딕 가고일gargoyle 과 같이 기묘한 형태를 의미하는 것으로 사용되고 있다.

아라베스크는 도자기와 직물 그리고 건축물 등에서 폭넓게 사용되는 장식예술의 한 형태로 다양한 식물 문양과 리드미컬한 덩굴줄기 패턴을 바탕으로 한 표면 장식으로 사용되고 있다. 특히 '이슬람 아라베스크'는 복잡한 그리드 시스템을 기반으로 한 기하학적인 모티브를 반복하여 다양한 방식으로 결합하도록 하는 것이다. 이러한 패턴은 반복되어 균형과 질서감을 만들어 내는데 자연 세계의 실재를 묘사하는 것이 아니라, 조화와 질서를 창조하여 추상화된 기하학적인 형태로 신의 세계를 표현하고 있는 것같이 보인다. 또한 꾸란의 멋진 구절과 종교적인 문장들이 캘리그래피calligraphy로 구성되어 이슬람 특유의 아라베스크 디자인을 만들어 내어 많은 예술가와 디자이너들에게 영감을 주고 있다.

캘리그래피calligraphy

　동로마제국 최고의 건축물인 하기아 소피아Hagia Sophia 건물 내부에 들어서면 1,500년 전의 건축기술을 감상하기 위하여 상부의 돔을 향하여 고개를 돌리기도 전에 방패 모양의 거대한 원형 판넬들이 먼저 눈앞에 달려와 마중한다. 19세기에 세작된 원형의 판넬 중앙에 섬은 바탕에 금박으로 쓰인 서체는 더 이상 이곳은 비잔틴 교회가 아니라 이슬람 사원이라는 것을 건물 외부의 미나렛minaret 만큼이나 상징적으로 보여주는 것 같다(그림6). 처음 느낌이 강렬해서인지 다양한 서체로 장식된 아랍어들은 사찰을 방문하였을 때 대웅전 기둥에 적혀 있는 유려한 서체의 한자와 같이 해석하고자 하는 욕구가 일어난다. 이렇게 문자를 예술로 승화시키는 것을 캘리그래피 calligraphy 라고 하며 이슬람 사원을 장식하는 데 필수요소로 사용

그림 6 하기아 소피아 건물 내부의 원형 캘리그래피: 알라Allah(좌), 첫번째 칼리프Abu Bakr(우)

되고 있다.

캘리그래피는 '아름다운 글 *kalligraphia* '이라는 의미의 그리스어를 어원으로 서예로 번역하기도 하는데, 글을 쓰거나 글자를 디자인하여 표현하는 시각예술이다. 이슬람 캘리그래피는 4세기경에 만들어진 아랍문자를 기반으로 알파벳은 오른쪽에서 왼쪽으로 쓰는 28개의 글자로 이루어져 있다. 이슬람 작가들은 자신만의 고유의 특징과 다양성을 가진 여러 글씨체를 사용하여 꾸란의 필사본을 옮겨 적는데, 이러한 캘리그래피 작업이 이슬람 예술에 가장 중요한 것 중 하나가 되었다.

아랍 글씨체는 이라크 *Iraq* 남부 쿠파 *Kufa* 라는 도시에서 나온 '쿠픽 *Kufic* 체'와 '복사하다'라는 의미의 '나스크 *Naskh* 체' 두 가지로 나뉜다. 쿠픽체는 수직과 수평을 따라 직선과 각진 기하학적인 형태로 구성되어 건축 장식에 종종 사용하였으며, 나스크체는 유연한 필기체 형태로 쉽게 읽을 수 있으므로 원래 의미와 같이 주로 행정문서나 꾸란과 같은 책을 옮겨 적는데 일반적으로 사용하였다. 쿠픽체와 나스크체 사용 시기는 역사가들 간에 이견을 보이지만, 쿠픽체는 주로 장식에 사용하고 나스크체는 일상 서체로 주로 사용한다. 스페인 그라나다 *Granada* 에 있는 알함브라 궁전을 방문하면 기둥과 벽면에 새겨진 동일한 문장의 캘리그래피를 곳곳에서 볼 수 있는데, 이는 나스지드왕국의 모토인 "하나님만이 승리자이시다 *Wala ghaliba illa Allah* "이다(그림 7).

이슬람 캘리그래피를 작업하는 예술가는 단지 아름다운 글씨로 건물을 장식하는 것을 넘어서 아랍어 문법의 원리와 꾸란을 깊이 이해하고 다양한 필적 스타일을 숙달하고 뛰어난 디자인 감각을 갖추어야 하는데, 이는 다른 장식예술과 함께 사용되기 때문이다. 이슬람 캘리그래피가 붓에 의해 만들어지는 동양의 서예와 가장 큰 차이점은 서예가 주로 회화와 같

그림 7 알함브라 궁전 '대사의 홀' 벽면에 있는 필기체와 하단의 매듭으로 된 쿠픽체 캘리그래피 : "하나님만이 승리자이시다 لا غالب إلا الله"(Nikater CC BY-SA 3.0)

이 제한된 공간 안에서 만들어지는 평면 예술로써 서예가의 필치를 자랑하였다면, 이슬람 캘리그래피는 꾸란 자체에 언어의 아름다움과 우아함의 영혼을 불어넣어 종교적인 감흥을 일으키도록 하는 것이다.

모자이크 *mosaic*

코르도바 대모스크 내부에 들어서서 수없이 반복되는 기둥들의 숲속에서 길을 잃고 헤매다가 미흐랍*mihrab* 이 위치한 장소에 도착하면 다양한 식물 문양들로 장식된 황금색 모자이크의 화려함에 한동안 눈길이 머무른다(그림 8). 이러한 모자이크는 회화로 채색된 화려한 바로크의 벽면과 돔*dome* 장식과는 다른 영원불멸할 것 같은 재료의 선정으로 인하여 종교적인 감흥을 고조시키고 있다. 음악과 시의 여신 '뮤즈*Muses*'에 속한다는 의미의 그리스어 'mouseios'에서 나온 모자이크는 일반적으로 불규칙한 색깔의 돌과 유리 그리고 도기류 같은 것을 패턴 또는 이미지화하여 바닥과

그림 8 코르도바 대모스크 미흐랍 전면 모자이크와 캘리그래피 장식(Ingo Mehling, CC BY-SA 4.0)

벽의 표면을 장식하는 것으로 그리스·로마시대에 회화와 더불어 많이 사용되었다.

수녀원의 식당 벽면을 장식한 〈최후의 만찬The Last Supper, *Santa Maria delle Grazie, Milan*〉(1498)의 경우 레오나르드 다 빈치Leonard da Vinci 의 바쁜 일정과 잦은 수정으로 템페라tempera 방식을 사용하였는데, 시간의 흐름에 따라 훼손되고 복원을 하여도 원래의 모습을 완전히 감상하기 힘들다(그림 9). 이러한 단점 때문에 젖은 석고 표면에 액상안료를 사용하여 벽에 흡수되도록 하는 프레스코fresco 회화가 당시에 주로 사용되었는데, 바티칸Vatican 에 있는 미켈란젤로Michelangelo 의 〈시스틴채플의 천장화Sistine Chapel Ceiling〉(1508~1512)를 포함하여 많은 벽화와 돔을 장식하는 회화들이

코르도바 대모스크_중세 스페인 이슬람제국의 성소

그림 9 템페라lempera 로 작업된 〈최후의 만찬〉 중 일부분(Leonardo da Vinci, 1495~1498)

그림 10 프레스코tresco 방식으로 작업된 시스틴채플의 천장화 중 〈아담의 탄생〉(Michelangelo, 1510)

프레스코 방식으로 작업되었다(그림 10).

이러한 프레스코 작업은 다양한 형태를 재현할 수 있지만 석고가 마르기 전에 작업을 완료하여야 하기 때문에 하루에 할 수 있는 양의 크기가 제한적이어서 프레스코 표면에서 다음 단계로 진행된 작업이 쉽게 감지되는 반면, 모자이크는 밑그림에 따라 각각의 조각을 배열하면 되기 때문에 시간의 제약과 단계의 차이점이 거의 보이지 않는다. 그러나 모자이크는 각각의 재료들이 연결되어 구성되기 때문에 회화와 같이 형상을 자연스럽게 표현하는 데는 어려움이 있지만, 디지털 화면과 같이 픽셀pixel 의 수가 증가함에 따라 해상도가 높아지는 것같이 작품성이 높아지므로 고도의 기술을 가진 장인들에 의해 비잔틴 교회와 궁정에 많이 사용되었다. 특히 모자이크와 회화에 대한 비교설명은 로마 바티칸에 있는 성 베드로 성당으로 잘 알려진 성 피터 바실리카St. Peter's Basilica 건물이 재건축될 당시 장식을 맡은 기관에서 클레멘트 8세 교황Pope Clement VIII(1592~1605)에게 보고하는 내용에서 잘 설명하고 있다.

"1. 이전의 성 피터 바실리카는 초기 그리스도교 시대에 건립된 교회들과 마찬가지로 모자이크로 장식되어 있었습니다. 17세기에는 이러한 전통을 따라 연속성을 강화하기로 결정했습니다.
2. 높은 벽과 창문이 적은 이러한 교회에서는 모자이크가 더 밝고 더 많은 빛을 반사합니다.
3. 모자이크는 벽화나 캔버스보다 내재적으로 더 오래 지속될 수 있습니다.
4. 모자이크는 보석 같은 장식과 연관되어 있으며 부유함을 과시합니다."

초기의 모자이크는 색깔 있는 자갈과 같이 자연에서 발견하는 재료를 사용하였으나, 정사각형 형태로 가공된 석재 테세라tessera 로 발전되었다. 비잔틴 건축물에서는 투명한 유리와 채색된 유리의 테세라가 주로 사용되었는데, 특히 두 개의 유리 사이에 금박을 넣어 만든 테세라가 대표적이다. 이는 순수한 금박이 만들어내는 테세라보다 더 풍부한 빛을 발하

그림 11 하기아 소피아 남서쪽 입구의 모자이크

는 효과가 있는데, 비잔틴 예술가들은 이러한 빛을 최대한 활용하였다. 하기아 소피아 교회의 모자이크 벽체에서 황금색으로 화려하게 장식된 부분은 관람자의 방향으로 약간 기울어져 빛을 발하고 있으며, 어두운 부분에 있는 테세라들은 아래 방향으로 기울어져 있을 뿐 아니라 창문으로부터 빛을 받기 위하여 옆으로도 기울어져 있다(그림 11).

이슬람 양식에서 최초로 사용된 것은 예루살렘에 있는 '바위의 돔the Dome of the Rock(*Jerusalem*, 688~692)' 건물로 현재는 건물 내부 장식의 일부분만 남아 있는데, 비잔틴 장인에 의하여 어두운 부분에 황금 테세라의 각도를 조정하여 작업하였다. 또한 우마야드 칼리프 왕조Umayyad Caliphate(661~750)는 이슬람제국의 새로운 수도 다마스쿠스Damascus 에 우마야드 대모스크 the Umayyad Mosque(706~715)를 건축하면서 비잔틴 황제로부터 299명의 숙련공을 제공받아 모자이크로 장식하였다. 사원 내부 코트야드 외부 벽체에 황금색의 테세라를 배경으로 작업한 모자이크는 아름다운 나무와 꽃 그리

그림 12 우마야드 대모스크 서쪽 출입구의 'Barada Panel'이라 불리는 모자이크 장식(Dosseman, CC BY-SA 4.0)

고 건물들로 천상의 파라다이스를 묘사하고 있으나, 사람의 형상이 없어 비잔틴 작품과는 상당히 다르게 느껴진다(그림 12).

이슬람 모자이크의 대표적인 예는 스페인에 있는 코르도바 대모스크의 미흐랍과 중앙 돔에서 볼 수 있다(그림 8, 그림 74). 황금색으로 화려하게 장식된 모자이크는 비잔틴 특징을 가지고 있는데, 당시 칼리프 *caliph* 의 요청에 따라 비잔틴 황제가 보낸 장인들의 감독하에 965년부터 970년 사이에 만들어졌다고 한다. 화려한 꽃무늬 아라베스크와 캘리그래피로 구성된 모자이크는 다마스쿠스에 있는 우마야드 대모스크의 장엄함을 상기시키기 위해 장식한 것으로 알려져 있다. 그러나 8세기 이후 이슬람에서는 모자이크를 대체할 방식이 유행하기 시작하였는데 기하학적 디자인을 바탕으로 한 타일 장식으로, 작은 타일로 작업한 것을 모자이크라고 부르기도 하지만 일반적으로 테셀레이션 *tessellation* 이라고 부른다.

테셀레이션 tessellation 과 기리히 girih

알함브라 Alhambra 궁전과 같은 이슬람 건축물을 방문하면 빈 곳을 찾아보기 힘들 정도로 각종 도형과 기하학적인 패턴으로 가득 차 있는 장식을 보면서 정교함과 화려함에 감탄하게 되는데, 이러한 작업을 테셀레이션 tessellation 이라 부른다. 라틴어 'tessella'는 '작은 정사각형'이라는 의미로 모자이크를 만드는 데 사용되는 석재 또는 유리의 작은 입방체 cubical 를 의미한다. 테셀레이션은 타일과 같은 기하학적인 형태를 겹치거나 틈이 없이 표면을 덮어 장식하기 위하여 사용하는 것으로 타일깔기 titling 라 부르기도 한다. 이러한 타일들이 틈이 없이 완벽하게 맞추어지기 위해서는 만나는 꼭짓점의 각도가 360°를 이루고 있어야 한다. 따라서 테셀레이션에는 일반적으로 다음과 같이 규칙 regular , 중간규칙 semi-regular 그리고 불규칙 irregular 세 가지 유형으로 나뉜다.

1. **규칙 테셀레이션** regular tessellation : 하나의 다각형을 반복하여 틈이 없이 표면을 장식하는 것으로 소수점 없이 360°를 내각으로 나눌 수 있는 정삼각형(60°), 정사각형(90°), 정육각형(120°)만 가능하다.

2. **중간규칙 테셀레이션** semi-regular tessellation : 2개 이상의 다각형을 조합하여 꼭짓점의 각도가 360°가 되도록 만드는 것인데, 이것을 중간규칙 또는 아르키메데스 테셀레이션 Archimedean tessellation 이라고 부르며 이러한 조합은 8개가 가능하다. 정육각형은 3개를 조합하면 꼭짓점이 360°가 되어 틈이 없이 구성할 수 있지만, 정팔각형은 반복이 가능한 형태를 만들기 위해 다른 모양과 함께 조합하여야 한다. 그리고 모든 규칙과 반규칙 테셀레이션은 대칭성을 가지고 있다(그림 13).

3. **불규칙 테셀레이션** irregular tessellation : 다양한 형태의 기하학적인 요소

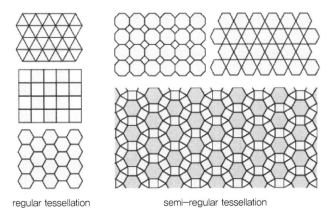

regular tessellation   semi-regular tessellation

그림 13 규칙 및 중간규칙 테셀레이션

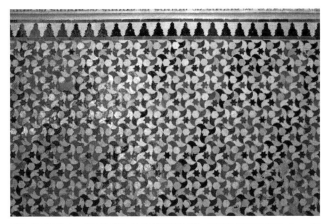

그림 14 에셔Escher에게 영감을 준 알함브라에 있는 불규칙 테셀레이션(gruban, CC BY-SA 2.0)

를 반복하여 배치하는 방식으로 형태가 불규칙하지만 규칙적인 배열에 의해 완성될 수 있다(그림 14).

불규칙 테셀레이션은 그래픽 예술가로 유명한 에셔 *Maurits Cornelis*

Escher(1898~1972)의 작품에 결정적인 영향을 미쳤다. 그는 젊은 시절 알함브라와 코르도바 대모스크를 방문하면서 벽과 천정에 기하학적으로 반복되는 복잡한 장식디자인에 매료되어 이슬람의 기하학과 수학 체계에 관심을 갖게 되었으며, 자신의 작품에 영감의 원천이 되었다고 한다.

이러한 테셀레이션을 바탕으로 이슬람만의 특유한 방식의 기하학적인 패턴 장식예술을 만들었는데 이를 '기리히girih'라고 한다. 페르시아어 매듭knot 이라는 의미의 기리히는 테셀레이션과 유사하나 이슬람 특유의 형태로 변형하여 발전하였기 때문에 '이슬람 기하학 패턴Islam Geometry Pattern'으로 통용되기도 한다. 테셀레이션은 틈이나 겹침 없이 하나 또는 여러 형태의 기하학적인 요소를 반복하여 타일 패턴을 만들어 내는 것에 반하여, 기리히는 다각형, 별과 같은 기하학적인 형태와 특별한 각도에서 선들을 교차하여 복잡한 디자인 패턴을 만들어 내는 것이다(그림 15). 따라서 기리히는 알함브라 궁전의 장식에서 보듯이 이슬람 예술에 사용되는 특별한 유형의 패턴이다. 이러한 기하학 패턴의 사용은 이슬람 황금기의 수학과 과학의 발전에 기인한다고 볼 수 있는데, 특히 기하학은 신이 만든

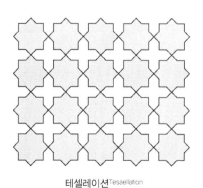

테셀레이션Tessellation

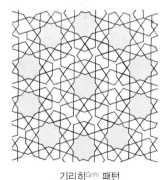

기리히Grihi 패턴

그림 15 테셀레이션의 기본 패턴과 기리히 패턴

자연세계와 우주의 기본질서를 반영하는 것으로 보인다.

건축구성요소

이슬람 사원은 힌두교 사원만큼이나 접할 수 있는 기회가 거의 없지만 예전에 터키로 불렸던 튀르키에*Türkiye*의 중심지인 이스탄불*Istanbul* 여행에서 의도치 않게 많이들 경험하게 된다. 그리스도교의 종탑과는 달리 젓가락같이 가는 탑들로 둘러싸인 건물들이 이슬람 사원이라는 것을 알아차리는 데는 그렇게 오랜 시간이 걸리지 않는데, 대부분의 일정을 이곳에서 보내다 보면 마치 이스탄불이 이슬람 사원의 도시같이 느껴진다. 비잔틴교회였으나 현재 모스크로 사용되고 있는 하기아 소피아*Hagia Sophia*와 이를 바탕으로 오토만 양식을 만들어낸 미마르 시난*Mimar Sinan*의 쉴레이마니예 모스크*Süleymaniye Mosque*(1550~1557), 그리고 블루모스크 Blue Mosque로 유명한 술탄 아메드 모스크*Sultan Ahmed Mosque*(1609~1616)는 이스탄불 도시 일정에 본인의 의지와는 관계없이 방문하게 될 것이다. 이러한 건물만으로도 부족하였는지 최근에는 동서양을 가르는 보스포루스*Bosphorus* 해협 건너편 동쪽 언덕에 돔의 높이만 72m에 달하고 한 번에 6만 3천 명의 신도들이 기도를 할 수 있으며, 비상시에는 10만 명 이상을 수용할 수 있는 대모스크*the Grand Çaml ı ca Mosque*(2019)를 건축하여 도시 어디에서든 쉽게 볼 수 있도록 하였다(그림 16).

거대한 돔과 화려한 이슬람 장식에 대한 감탄의 여운이 지나가기도 전에 여행 중에 만나게 되는 수많은 그리스·로마시대의 유적과 비잔틴 건물에 관한 새로운 정보들을 입력하다 보면 익숙하지 않은 이름의 건물들

그림 16 보스포루스에서 바라본 샴리카 대모스크*the Grand Çami ı ca Mosque*(Håkan Henriksson (Narking)
CC BY–SA 4.0)

은 기억 속에 오래 머물지 않고 사라져 버린다. 술탄 아메드 모스크는 블루모스크라는 별칭을 가지고 있어 좀 더 자리 잡고 있을 수 있지만, 건물의 이름만큼이나 아랍어로 된 건축 관련 용어들은 이슬람 양식을 이해하는 데 어렵게 만든다. 사실 이스탄불에 있는 사원들은 1453년 동로마제국의 수도 콘스탄티노플을 점령한 오토만 제국Ottoman Empire 이 비잔틴 양식을 바탕으로 발전하였기 때문에 시리아 다마스쿠스에 있는 우마야드 대모스크와 스페인 지역양식이 결부된 코르도바 대모스크와 전혀 연관성이 없는 별개의 양식의 건물이다. 그럼에도 불구하고 코르도바 대모스크의 신비함을 벗겨내는 여정에서 비잔틴 제국 최고의 건축물이었으며, 오토만 이슬람 양식을 완성하는 데 결정적인 역할을 한 하기아 소피아Hagia Sophia 교회가 이슬람 사원으로 변형되는 데 어떠한 건축요소들을 사용하였는지 분석하면 역설적으로 이슬람 건축양식을 더 잘 이해할 수 있을 것이다.

하기아 소피아 *Hagia Sophia*

비잔틴 제국 최고의 건축물인 하기아 소피아는 1,500여 년의 기간 동안 건물의 용도가 변경되어온 만큼 동일한 이름이 다양하게 발음되어 통일된 표기법이 없이 사용되고 있다. 현지 사람들이 아야소프야 *Ayasofya* 라고 발음하는 것과 유사하게 최근 아야 소피야 *Aya Sofya* 로 많이 발음하는데, 영어권에서는 하기아 소피아를 사용한다. 어떻게 발음하고 기록하든지 의미 전달만 되면 되지만 종종 '성 소피아 교회'로 번역하는 경우가 있다. 이는 성스러운 소피아를 의미할 수 있지만 통상적으로 명칭 앞의 '성'은 성인 *saint* 을 의미하므로 마치 소피아 성인을 모시고 있는 교회로 오해할 수 있어 적절하지 않은 표현이다. 하기아 소피아 교회는 'the Church of Holy Wisdom'으로 불리는데, '신성한 지혜 *Holy Wisdom* '는 하나님을 의미하는 것이기 때문에 '하나님의 교회'로 번역하는 것이 나을 수 있다.

537년 니카 폭동 *Nika Riot* 으로 파괴된 자리에 새로운 형태로 건축된 하기아 소피아 교회는 4차 십자군전쟁으로 도시가 점령당하였을 때 잠시 로마가톨릭교회(1204~1261)로 개조되었다가, 1453년 오토만 제국에 함락되기 전까지 동방정교회 *Eastern Orthodox Church* 의 총본산의 역할을 하였으며, 그 후 1931년까지 모스크로 사용되었다. 1935년부터 박물관으로 사용되다가 2020년 다시 모스크로 바꾸어 현재 '하기아 소피아 대모스크 *The Hagia Sophia Grand Mosque* '가 공식 명칭이다.

폭동으로 기존 건물이 소실된 후 유스티니아누스 황제 *Justinian I* 는 새롭게 건축되는 교회는 불타지 않도록 목재가 아닌 석재로 건축하도록 지시하여, 과학자이자 수학자인 이시도르 *Isidore of Miletus* 와 안테미우스 *Anthemius of Tralles* 가 기하학과 과학적인 논리를 바탕으로 이전에 보지 못했던 대규모의 건축물을 완성하였다. 건물이 완공되고 난 뒤 황제는 흡족

그림 17 하기아 소피아, 립으로 보강된 돔과 미나렛들

한 미소를 지으며 다음과 같이 말하였다고 전해진다. "솔로몬이여 내가 당신을 능가하였느니라Solomon, I have surpassed thee." 그러나 건축 후 20년이 지나지 않아 지진에 의해 중앙 돔dome의 일부분과 구조물들이 붕괴되었으며, 지속적인 지진으로 균열이 반복되다가 이시도르의 조카인 젊은 이시도르Isidore the Younger가 돔 둘레에 립rib으로 보강한 새로운 디자인을 적용하여 현재의 모습을 하고 있다(그림 17).

하기아 소피아는 로마의 판테온Pantheon 신전같이 중앙에 거대한 돔을 가진 중심형 구성을 하고 있지만, 중앙의 돔을 지지하는 양측면의 반원형 돔에 의해 로마 바실리카를 원형으로 하는 그리스도 교회와 유사한 평면 구성을 하고 있다. 원통형 벽체에 돔을 올린 형태인 판테온 신전과는 달리 사각형의 평면 위에 돔을 올리는 새로운 방법을 사용하여 건축하였는데, 이러한 과정에서 만들어지는 건축요소를 펜덴티브pendentive라고 부

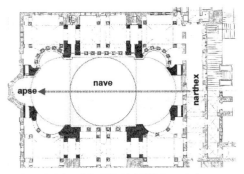

그림 18 하기아 소피아 건물구성과 펜덴티브 pendentive

른다(그림 18).

펜덴티브는 사각 또는 다각형의 평면 위에 원형 돔 모양의 구조물을 건축할 때, 돔과 지지 구조물 간의 부드럽고 안정적인 연결을 형성하기 위해 만들어지는 곡면 형태의 삼각형 요소이다. 이를 통해 돔의 하중이 균등하고 효율적으로 분산되어 하부에 있는 벽 또는 기둥으로 전달하게 된다. 이것은 구조적으로 중요할 뿐 아니라 장식적인 측면에서 아주 효과적으로 사용할 수 있기 때문에 오토만 건축양식도 이를 계승하였으며, 특히 바로크 Baroque 돔 건축물에 적용하여 화려한 그림으로 펜덴티브를 장식하였다(그림 19).

그러나 알함브라 궁전이나 코르도바 대모스크에서 마주하게 되는 돔의 연결부에서는 부드러운 삼각형의 펜덴티브가 아니라 복잡한 형태로 장식되어 있는데, 이를 스퀸치 squinch 라고 부른다(그림 20). 스퀸치는 펜덴티브 이전부터 사용된 것으로 사각 또는 다각형의 기반 위에 돔이 만들어지면서 생기는 구조적인 요소인데 펜덴티브가 부드러운 곡면 형태의 삼각형 요소이면, 스퀸치는 사각 또는 다각형의 꼭짓점을 가로지르는 대각선 아치 또는 직선적인 표면으로 다소 복잡한 형태로 구성된다. 일반적으

코르도바 대모스크_중세 스페인 이슬람제국의 성소

로 교회에서는 삼각형의 평탄한 표면에 종교적인 형상을 회화로 장식할 수 있는 펜덴티브를 선호한 반면, 형상의 묘사가 금지되어 있는 이슬람에서는 비록 작업의 난이도는 높아지지만 음영에 의해 만들어지는 빛의 효과를 최대한 활용할 수 있는 스퀸치로 화려하게 장식하였다.

1453년 콘스탄티노플이 함락되고 술탄 메메드 2세Mehmed II가 하기아 소피아 교회에서 교회의 봉헌식consecration과 같은 금요예배Friday prayer를 드리고 난 뒤 공식적으로 모스크로 변경되었으며, 1616년 블루모스크Sultan Ahmed Mosque가 건축되기 전까지 이스탄불로 개명한 도시의 메인 모스크가 되었다. 건물 외부에는 네 개의 미나렛minaret을 순차적으로 설치하여 더 이상 교회가 아니라 이슬람 사원이라는 것을 도시 어디에서도 인지할 수 있도록 하였다. 건물 내부는 모스크로 변형하기 위해 제단과 세례당은 제거하였으며, 예수, 성모 마리아 및 그리스도교와 관련된 모자이크로 그려진 성화상들은 삭제되거나 그 위를 석회로 덮어 캘리그

그림 20 알함브라 '자매의 홀' 돔 하단에 있는 스퀸치|squinch 장식(R Prazeres, CC BY-SA 4.0)

래피와 같은 것으로 재장식하였다. 기도를 위하여 민바르minbar 와 미흐랍 mihrab 같은 이슬람 건축요소들을 설치하였는데, 이러한 요소들의 특성과 기능이 어떠한 역할을 하는지 이해하고자 한다.

모스크mosque

하기아 소피아 교회가 이슬람 사원으로 변경되면서 공식 명칭이 '하기 아 소피아 대모스크The Hagia Sophia Grand Mosque'가 되었으며, 코르도바 의 이슬람 사원도 '코르도바 대모스크the Great Mosque of Cordoba'로 지칭하 고 있다. '모스크mosque'는 이슬람 사원의 영어식 표현으로 사원寺院 이라 는 의미가 종교의 교당을 통칭하는 말이지만 불교의 성전이라는 의미도 있기 때문에 이슬람 사원보다 모스크로 이해하는 것이 더 유용할 것이다.

'기도하는 장소'라는 의미의 아랍어 '마스지드masjid'를 어원으로 하는 모스크는 하루에 5번의 기도를 수행하기 위하여 무슬림들이 모이는 장소이다. 일반적으로 모스크는 단순히 기도의 장소일 뿐 아니라 사회적인 모임과 교육 그리고 자선활동과 같은 지역 사회활동의 중심지로서 무슬림들의 삶에서 중요한 역할을 하고 있다.

이슬람 최초의 모스크는 쿠바 모스크Quba Mosque라고 전해지는데 622년 메카로부터 도망쳐 메디나Medina로 이주Hijra하는 도중 메디나와 인접한 쿠바Quba라는 마을에 며칠 머물면서 지역 자재를 사용하여 건축하였다고 한다. 613년부터 하나님의 말씀을 전도하던 예지자 무함마드와 그의 추종자들이 10년에 가까운 시간 동안 집회와 예배를 위한 장소를 만들지 않았다는 것은 특이한 일인데, 추론해보면 기도와 같은 신앙생활이 구체적으로 규범화되어 있지 않았으며, 장소와 공간의 제약없이 일상생활에서 행하여졌기 때문일 것이다. 긴 시간 동안 집회시설 없이 지내다가 메디나로 이주 도중 잠시 머무는 장소에서 급히 모스크를 만들었다기보다는 아마도 무함마드를 따르고 있던 이주민을 수용할 수 있는 임시 피난처를 마련하였을 것이다. 이러한 임시 거처를 모스크로 보는 데는 이견이 없는데 이슬람의 특성상 기도라는 것이 특정한 장소에서 이루어지는 것이 아니라 일상 어느 곳에서든지 행하여지는 것이며, 단체로 모여서 '기도를 드리는 장소'를 모스크mosque라고 부르기 때문이다.

622년 메카에서 북쪽으로 450km 떨어진 메디나에 도착하고 난 뒤 묘지로 사용되고 있는 장소에 무함마드와 그의 동료들은 '예지자의 모스크Nabawi Mosque, Al-Masjid an-Nabawi'라고 불리게 되는 건물을 7개월에 걸쳐 완공하였는데, 현재 메카의 대모스크Great Mosque of Mecca, Masjid al-Haram에 이어 무슬림에게는 두 번째 성지이다. 특히 이 건물에는 무함마드의 묘지와 두 명의 칼리프*Abu Bakr, Umar*가 안치되어 있으며, 나중에 많은 방문자를 수용하기 위하여 무함마드의 무덤 위에는 상징적인 녹색 돔*Green Dome*이 만들어졌다(그림 21).

그림 21 예지자의 모스크*Nabawi Mosque*와 무함마드의 무덤을 상징하는 녹색 돔(King Eliot, CC BY-SA 4.0)

이슬람 전통에 따르면, 모스크를 건축하기 위하여 무함마드가 하나님으로부터 사원의 배치와 디자인에 대한 계시를 받았다고 전해지는데, 무함마드의 말과 언행을 기록한 하디스 중 가장 정확하다고 여겨지는 부크하리*Sahih al-Bukhari*의 내용은 이슬람 건축을 이해하는 데 상당히 중요하기 때문에 일부분을 옮기면 다음과 같다.

"애나스*Anas*는 말한다: 예지자님은 메디나에 도착하여 알-마스지드-안-나바위*Al-Masjid-an-Nabawi*라는 모스크를 설립했습니다. 이 모스크는 진흙 벽돌로 지어졌으며, 지붕은 야자 잎으로 만들어졌고 기둥은 야자 줄기로 만들어졌습니다. 예지자님께서는 예루살렘 쪽을 향해 16~17개월간 이 모스크에서 기도를 드렸지만, 메카*Mecca*의 카바*Kabba*를 향해 기도를 드리고 싶었습니다. 그러자 "하나님께서 예지자님에게 기도 방향을 제시하셨으며"*Qibla Verse, Quran 2:144*, 무함마드는 모든 사람에게 카바를 향해 기도할 것을 명령했습니다. 이전에는 예루살렘 방향을 향해 기도를 드렸으나, 카바를 향한 기도로 바뀌어 기뻤습니다. 그 당시 모스크는 진흙으로 지어졌으며 지붕이 없었습니다. 한번은 보름달이 뜬 밤에, 예지자님은 하이얀 달을 보면서 동료들에게 말씀하셨습니다. "너희는 이 달을 보는 것처럼 주님을 볼 수 있을 것이다. 그리고 너희는 그분을 보는 데 어려움이 없을 것이다. 그러므로 일출 전 기도*Fajr*와 일몰 전 기도*Asr*를 놓치지 말고 행하여야 한다." 그 후 하나님의 말씀을 인용하여 "밤에도 낮에도 하나님을 찬미하여라."(*Quran* 30:17)라고 말씀하셨습니다."(*Sahih al-Bukhari*, Book 21, *Hadith* 287)

위의 내용에서 두 가지 중요한 사실을 추론해 낼 수 있는데, 첫 번째는 초기 모스크의 형태이며 두 번째는 기도의 방향이다. 모스크의 형태에 대한 기록 중 "지붕은 야자잎으로 만들어졌고 기둥은 야자줄기⋯"라고 서술한 데 반하여 후반부에는 "당시 모스크는 ⋯ 지붕이 없었습니다."라며 상충하는 글을 수록하고 있다. 만일 기술된 내용이 의심할 여지없이 정확하다면 사원 내부의 공간은 숙소로 사용하였으며, 기도는 지붕이 없는 실외에서 행하여졌다고 추측할 수 있다. 내용의 진위를 떠나 여기서는 기도의 중요성을 강조하고 있는데, 이주기간 동안 공동체 생활에서 다수의 무슬림을 수용하여 기도하기에는 충분한 실내공간을 확보하지 못하였을 것이며, 지역 기후의 특성상 야외에서 행하는 기도가 훨씬 효과적이었을 것이다. 최근 연구에 의하면 예지자의 모스크의 초기 형태는 짚벽돌adobe과 야자나무와 같은 자재를 사용하여 가로 30.5m, 세로 35.62m 규모로 건축하였으며, 진흙과 야자수 잎으로 덮인 3.6m 높이의 지붕은 야자 기둥이 지지하는 코트야드를 가진 건물이다. 모스크로 진입하는 문은 세 방향에 설치되어 있는데, 남쪽으로는 '자비의 문Gate of the Mercy', 서쪽으로는 '가브리엘의 문Gate of the Gabriel', 그리고 동쪽으로는 '여자의 문Gate of the Women'이 있으며, 북쪽 방향에는 문이 설치되어 있지 않은데 기도의 방향인 예루살렘이 북쪽에 있기 때문이다. 무함마드의 집은 모스크에 근접하여 있었으나 이슬람 세력이 커짐에 따라 건물은 증축되었고 모스크와 사택이 연결되어 집합공동체 기능을 하게 되었다고 한다.

모든 종교에서 기도의 방향은 중요한데 경배의 대상이 있는 경우에는 기도의 방향을 쉽게 결정할 수 있지만, 어떠한 형상도 금지한 이슬람 특성상 기도의 방향은 상당히 중요하였을 것이다. 기도 방향에 대한 고민은 유대교와 그리스도교에서도 예외는 아닌데, 『탈무드Talmud』에 따르면 "기도는 이스라엘의 땅을 향하여야 한다고 되어 있으며, 이스라엘에서는 예루살렘으로, 예루살렘에서는 신전을 향하여, 그리고 신전에서는 지성소 the Holy of Holies(신의 계약의 궤가 놓여있는 곳)를 향하여야 한다."라고 되어 있다. 이와 같은 법칙은 유대의 고전 율법인 『미슈나Mishnah』에도 기록되어 있는데 "기도자는 어떠한 방향에 있든 신전을 향하여야 한다고 명시되어 있다." 그러나 유대인 구전법을 편찬하여 정돈한 문서인 『토세프타Tosefta』에 의하면 "유대 교회당의 입구는 신도가 서쪽을 향하도록 동쪽에 있어야 한다."라고 기록되어 있다. 이는 예루살렘을 향하여야 한다는 기존의 율법과는 일치하지 않으므로 나중에 문은 동쪽에 있으나 기도는 예루살렘으로 향하고 성궤는 예루살렘으로 향하는 방향에 위치하여야 한다고 규정하여 조화하도록 하였다.

그리스도교의 경우 정식 종교로 인정되고 난 뒤 예배와 집회를 위한 건축을 시작할 때 성성의 어떤 구설에도 교회의 형태와 배치 방향에 관한 내용은 없으므로 기도의 방향을 결정하는 데 어려움이 있었을 것이다. 처음에는 고대 유대교 신전의 방향과 같이 출입구를 동쪽을 향하여 배치하였는데 콘스탄티누스 황제에 의해 건축된 예루살렘에 있는 성묘Holy Sepulchre 교회와 로마에 있는 성 피터 바실리카St. Peter's Basilica를 포함하여 초기 바실리카 대성당들이 대표적인 건물이다. 이러한 배치 방향은 4세기 후반부터 건물의 전면이 동쪽으로 향하게 되는데, 유대교 교리를 따라 예루살렘 방향을 향하였는지 또는 일출 방향을 향하여 건축하게 되었는지 불분명하다. 교회와 성직자에 대한 설명과 예배와 집회에서 행해야 하는 것에 관하여 기술한 『사도헌장Apostolic Constitutions』(375~380)에 의하면 "교회 건물은 배와 같은 모양으로 건물의 앞부분은 동쪽을 향하여야 한다."고 기술되어 있으며, 니케아 공의회에서 삼위일체설을 세우는 데 중요한 역할을 한 성 그레고리St. Gregory of Nyssa(c. 335~395)는 "동쪽은 지상의 낙원인 인간의 원초적인 집을 가지고 있다."고 하였으며, 비잔틴시대의 학자이자 역사가인 프로코피우스Procopius(c. 500~565)는 하기아 소피아 교회의 방향에 대해 "신의 영예 속에서 행해지는 성스러운 의식의 장소는 태양이 떠오르는 방향을 향하여 건축된다."라고 기술하였다. 따라서 동로마 지역의 비잔틴 교회에서는 4세기 후반부터 동쪽의 중요성을 강조하며, 건물의 동쪽 끝에 앱스apse와 제단altar을 위치시켰다. 그러나 로마와 서유럽에서는 이러한 법칙이 일반화되지 않았기 때문에 모든 교회 건물이 동쪽으로 향하지는 않았으나, 8세기부터 건축되는 교회는 동쪽에 앱스를 설치하고 동쪽을 향하여 건물을 배치하기 시작하였다고 한다.

기도라는 신성한 행위를 하는 데에도 정해진 규칙이 없을 경우 혼란이 발생하는데 이슬람에서는 다행히 기도의 방향을 확실하게 명시하고 있다. 초반에 예루살렘 방향으로 기도를 하게 된 것은 아마도 기도의 방향이 정해지지 않았으며, 당시 많은 유대인이 거주하던 메디나에서 그들과 갈등과 반목을 최소화하기 위하여 유대인의 율법에 따라 예루살렘을 향하여 기도하였을 것이다. 1년 반 정도의 정착 기간을 보내고 공동체가 안정화되고 세력화됐을 때, 이슬람의 성지인 메카에 있는 카바를 향하여 기도하고자 하는 요구를 하나님의 계시로 반영하고 꾸란에 있는 키블라 절(Qibla Verse,『Quran』2:144)에 명시하였을 것이다.

기도 방향의 전환은 이슬람 역사에서 상당히 중요한 사건인데, 예지자 무함마드가 하나님으로부터 기도방향의 변경을 계시 받은 모스크는 '자신의 모스크Prophet's Mosque'가 아니라 5km 떨어져 있고, 메디나에 정착한 지 1년 후인 623년에 건축된 모스크에서 정오기도Dhuhr를 드리는 중에 받은 것으로 무슬림들은 믿고 있다. 이후 건물 내부에는 방향이란 의미의 키블라Qibla를 표시하는 두 개의 미흐랍mihrab을 만들었는데 예루살렘 방향의 북쪽 벽과 메카 방향의 남쪽 벽에 설치하고 모스크의 명칭도 '두 개의 키블라를 가진 모스크Masjid al-Qiblatayn'로 변경하였다. 이는 무슬림 공동체를 통합하기에 실용적인 해결책인데, 메디나에서 개종한 다수의 유대인에게 갑작스러운 기도 방향의 변화에 따른 혼란을 최소화하고 방향의 전환을 서서히 적응하도록 하는 데 도움을 주었을 것이다. 피난민의 집단으로 정착한 지 1년 반 만에 기존의 관습을 변경하여 새로운 기도방향을 설정할 수 있었던 것은 더 이상 이주민의 신분이 아니라 지역의 핵

심세력으로 성장하였다고 볼 수 있다. 이와 같이 기도의 방향을 하나님이 계시함으로 전 세계 무슬림 공동체의 단합을 상징화하며, 지리적인 위치와 관계없이 무슬림들은 매일 기도할 때 같은 곳을 향하도록 하여 물리적이고 정신적인 중심점으로 작용하고 있다. 그리고 기도의 방향인 키블라는 일반적으로 "메카Mecca 를 향하여야 한다."라고 하는데, 정확한 표현은 "카바Kaaba 를 향하여야 한다."이다.

현재 사우디아라비아 메카에 있는 이슬람 성전 카바는 육면체the Cube 라는 의미이며 이슬람의 가장 중요한 모스크인 알-하람 모스크Masjid al-Haram 의 중심에 있다. 이슬람 전례에 따르면 최초의 인간인 아담이 건물을 만든 곳에 아브라함Abraham, Ibrahim 과 그의 아들 이스마엘Ishmael 이 하나님의 명령을 받들어 '유일한 하나의 신'을 위하여 석재와 진흙을 사용하여 단순한 형태의 카바를 건축하였다고 한다. 시간이 지남에 따라 여러 차례 개조와 확장되었는데, 예지자 무함마드시대에는 더 이상 하나님을 위한 성전이 아니라 우상 숭배자들의 신전으로 바뀌어 있었다. 예지자 무함마드가 메카를 정복한 후 가장 먼저 한 일은 카바의 우상들을 청소하고 하나님의 성전으로 복원하는 것이었다. 이후 매년 많은 수의 순례객들이 방문함에 따라 확장되었는데, 현재 카바는 화강석으로 만들어진 육면체 형태의 구조물로 가로와 세로는 11m이며 높이는 13.1m이다. 외부는 키스와Kiswa 라고 부르는 검은 천으로 덮여 있는데 매년 하지 순례 동안 교체된다(그림 22).

카바의 동쪽 모서리에는 신성한 유물로 여기는 조그마한 검은 돌Hajar al-Aswad 이 있다. 전례에 따르면 검은 돌은 천사 가브리엘이 예지자 아브라함에게 준 천상의 돌로 카바의 모서리에 안치시켰다고 한다. 따라서 무슬림들은 축복받은 중요한 유물로 여기며 순례자들이 카바에 키스하거나

그림 22 알-하람 모스크의 중심에 검은 천 키스와*Kiswa*로 덮여 있는 카바와 순례객들

만지는 것이 관습이나, 이로 인한 손상과 손실을 겪어 이를 보호하기 위해 현재는 은으로 만들어진 프레임으로 덮여 있다. 이슬람 종교에서 카바는 다음과 같은 중요성을 가지고 있는 것으로 보인다.

1. **기도의 중심** : 카바는 전 세계 무슬림이 지리적인 장소와 관계없이 매일 기도*Salah*하는 동안 향하여야 하는 기도의 중심지로 작용하고 있다.
2. **순례***Hajj* : 이슬람의 다섯 기둥 중 하나인 순례의 최종 목적지로 매년 수백만 명이 참여하고 있다.
3. **통합의 상징** : 다양한 배경과 문화를 가진 무슬림들이 카바를 방문하면서 하나님 앞에서는 모든 무슬림이 평등하다는 형제애와 동질성을 강화한다.

4. 영혼적인 연계 : 카바는 무슬림이 하나님과 연결될 수 있는 성스러운 공간이며, 신의 축복과 용서 그리고 가르침을 염원한다.

메디나 이주 후 이슬람 세력이 전 세계로 확산되면서 모스크는 지역의 문화와 건축적 영향을 흡수하여 독특한 스타일과 디자인으로 발전하였지만, 예지자 무함마드가 직접 건축한 '예지자의 모스크Nabawi Mosque'에서 적용되었던 기본적인 건축요소들과 기도방향의 원칙은 변함없이 적용하여 발전하였다(그림 23).

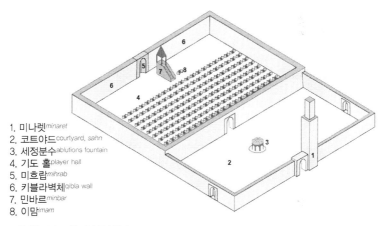

1. 미나렛minaret
2. 코트야드courtyard, sahn
3. 세정분수ablutions fountain
4. 기도 홀player hall
5. 미흐랍mihrab
6. 키블라벽체qibla wall
7. 민바르minbar
8. 이맘imam

그림 23 모스크의 기본 구성요소

미나렛minaret

이슬람 도시를 방문하면 다른 종교 건축물보다 쉽게 모스크를 찾을 수 있는데 규모에 따라 다르지만 1개 이상의 수직의 가느다란 탑을 가지고 있기 때문이다. 심지어 비잔틴제국의 대표적인 건축물인 하기아 소피아 건물 내부에 들어가기도 전에 이제는 더 이상 교회가 아니라 모스크로 사용되고 있다는 것을 외부에 세워진 4개의 좁다란 첨탑을 통하여 알 수 있다. 모스크의 시각적인 상징의 역할을 하는 이러한 탑을 미나렛*minaret*이라고 부르며, 아랍어로 '등대*manarah*' 또는 '빛의 장소*minar*'라는 의미를 갖고 있다.

미나렛은 모스크의 높은 곳에서 육성으로 기도를 알리기 위한 용도로 만들어졌는데 기도 시간을 알리는 것을 '아잔*adhan*'이라고 한다. 아잔은 교파에 따라 다소 내용의 차이가 있지만 시작은 "하나님은 가장 위대하다."라는 아랍어를 반복하면서 시작한다. 전통적으로 좋은 음성과 정확한 아랍어를 발음할 수 있는 사람을 '무에진*muezzin*'으로 선정하여 미나렛에 올라가 키블라*qibla* 방향을 향하여 직접 큰소리로 알리도록 했다. 최근에는 확성기와 방송으로 기도를 알리기도 하는데, 여전히 육성으로 기도 시간을 알리는 것이 일반적이다. 튀르키에에서는 매년 최고의 무에진을 선발하는 대회를 개최하기도 하며, 다양한 영상 매체를 통하여 뛰어난 목소리를 가진 무에진의 음악 같은 소리는 예술의 하나로 승화되어 종교적인 감흥을 느끼기에 충분한 경험이 될 수 있을 것이다(그림 24).

전통적으로 무에진은 하루에 5번 태양의 위치를 관찰하여 정확한 시간에 예배를 올릴 수 있도록 알려주었으나, 현재는 대부분 공식 기도시간표에 따라 예배를 알린다. 무슬림들은 하루에 다섯 번의 기도*salah*를 정해진 시간에 하여야 하는데 다음과 같이 나뉜다.

1. **새벽 기도***Fajr* : 일출 전 수행
2. **정오 기도***Dhuhr* : 해가 정점을 지난 후 수행
3. **오후 기도***Asr* : 늦은 오후 수행
4. **저녁 기도***Maghrib* : 일몰 직후 수행

그림 24 카바 위에 서서 예배를 알리는 최초의 무에진 발랄 이븐 라바*Bilal ibn Rabah*를 묘사한
오토만시대의 그림

5. 밤 기도 *Isha* : 황혼 이후 수행

기도의 정확한 시간은 태양의 위치에 따라 결정되기 때문에 모스크가 위치한 지역과 계절에 따라 다르다. 특히 오후 기도 *Asr* 는 사물의 길이가 높이의 2배가 되었을 때부터 일몰 직전까지의 시간이라고 가르치고 있다.

그림 25 '밤의 여행' 도중 무함마드의 승천(Khamseh of Nizami 작품. c. 1539~43, 영국도서관)

무슬림들은 가능하면 모스크에서 모여서 기도하는 것이 권장되지만 가정이나 깨끗하고 적절한 장소에서도 할 수 있다.

이슬람의 다섯 기둥 중 하나인 하루에 5번의 기도는 종교적인 열정이 없으면 일상생활에서 지키기가 쉬운 일이 아닌데 5번의 기도가 정해지게 된 사유가 예지자 무함마드의 유명한 '밤의 여행Isra' and Mi'raj'을 마치고 난 뒤였다. 621년 어느 날 밤 무함마드가 아직 메카에 머무르고 있을 때 천사 가브리엘이 천상의 말인 브라크Buraq와 함께 나타나 이슬람에서 물리적이고 정신적인 면에서 중요하게 생각하는 밤의 여행을 떠났다(그림 25).

첫 번째 여행지는 예루살렘에 있는 신전의 산Temple Mount 으로 카바를 향하여 기도를 변경하기 전에 기도하던 방향인 '가장 멀리 있는al-Aqsa' 기도 장소로 알려진 곳이다. 이곳에서 기도를 드린 후 두 번째 여행지인 하늘로 올라가 7단계의 천국을 여행하였다고 하는데, 나중에 이곳에 이슬람 3대 성전 중 하나인 알-아크사 모스크al-Aqsa Mosque 단지를 건축하였으며, 중심에는 무함마드가 승천한 바위를 기념하기 위하여 '바위의 돔 The Dome of the Rock' 성소를 만들었다(그림 26). 승천한 무함마드는 7단계의 천국 중 첫 번째 천국에서 아담을 만나고, 두 번째 천국에서 예수를 만났으며, 마지막 일곱 번째 천국에서 아브라함을 만난 후 가브리엘 없이 하나님을 만났다고 한다. 하나님으로부터 "모든 무슬림은 하루에 50번의 기도를 하여라."라는 계시를 받고 내려오는 중 여섯 번째 천국에 거주하는 모세Moses 로부터 하루에 50번 기도는 수행하기 힘드니까 줄여달라고 하나님께 요청하라는 말을 듣고 하나님과 모세 사이를 9번이나 왕복하면서 1/10로 기도가 줄어들었다고 한다. 모세는 이마저도 많으니 더 줄일 것을 부탁하라고 하였으나, 무함마드는 더 이상은 부끄러운 일이며 5번 기도에 감사한다고 말하며 하룻밤 동안 이루어진 지상과 천상의 여행을 마무리

그림 26 '신전의 산the Temple Mount'으로 알려진 알-아크사 모스크Al-Aqsa Mosque 단지와 중심의 '바위의 돔' 성소(Andrew Shiva / Wikipedia, CC BY-SA 4.0)

하였다고 한다. 이러한 밤의 여행에 대하여 꾸란에는 간략하게 기술하고 있으나 예지자의 말씀을 기록한 하디스hadith 에는 좀 더 상세하게 기록하였는데, 그동안 모호하였던 기도의 횟수와 기도 시간 등이 '밤의 여행' 이후 구체화되었다. 사실 종교적인 관점에서 보면 하나님과 기도의 횟수를 조정한다는 것은 절대자의 권위에 도전하는 불경스러운 사건일 수도 있지만, 하루의 다섯 번의 기도가 부담스러웠을 신도들에게 나의 노력이 아니었으면 10배의 기도를 할 뻔하였으니 줄어든 5번의 기도에 불만 없이 감사하며 수행하기를 바랐을 것이다. 이슬람으로 개종한 사람들은 다시 원래의 종교로 되돌아가는 경우가 거의 없다고 하는데, 일반인이 해뜨기 전부터 잠들기 전까지 수면시간을 제외하고 정해진 시간에 수행하는 기도의 의무가 20억 명에 가까운 무슬림들이 믿고 따르는 종교가 될 수 있는 원동력이었을 것이다.

미나렛은 기도를 알리는 기능과 더불어 모스크의 시각적인 상징으로 중요한 역할을 한다. 시작은 정확하지 않지만 로마와 그리스도교 건축물

코르도바 대모스크_중세 스페인 이슬람제국의 성소

의 탑의 형태를 모방한 것으로 추론하고 있다. 특히 종탑의 기능이 있는 교회의 형태를 참조하여 발전한 것으로 보이는데, 교회의 종탑도 두 종류로 분류될 수 있다. '종bell'이라는 의미의 캠퍼나일campanile 은 종탑bell tower 으로 번역되지만 피사의 사탑과 같이 건물로부터 독립되어 세워진 탑을 지칭하며, 주로 이탈리아 지역에서 건축되었다. 다른 하나는 파리에 있는 노트르담 대성당Notre Dame Cathedral, Paris 의 종탑과 같이 건물과 일체화된 형태인데 건물의 주요 파사드인 서쪽 입구를 상징화하고 건물의 비례와 대칭을 위하여 좌우에 각각 탑을 만들었다. 하이고딕 양식의 특성을 잘 보여주며, 스테인드글라스stained glass 로 유명한 샤르트르 대성당 Chartres Cathedral 의 종탑은 건축 기간에 의해 탑의 높이와 양식이 다른 비대칭의 형태를 하고 있다(그림 27).

그림 27 샤르트르 대성당Chartres Cathedral 의 남동쪽 전경(Olvr, CC BY-SA 3.0)

그림 28 생드니 Saint-Denis 바실리카의 서쪽 파사드 façade, 1840년 붕괴되기 전후(우: Thomas Clouet, CC BY-SA 4.0)

특히 흥미로운 것은 최초의 고딕 양식을 적용한 건물로 알려진 생드니 대성당 Saint Denis Cathedral 도 샤르트르 대성당과 같이 북쪽의 탑이 훨씬 높게 건축되었으나, 1846년 폭풍으로 인하여 무너지고 지금은 화살 Flèche 이라는 애칭으로 불린 남쪽 탑만 남아있다(그림 28). 오랜 기간 북쪽 탑이 재건되지 않아 전형적인 쌍둥이 탑의 디자인에서 벗어난 독특한 초기 고딕 양식으로 잘못 이해한 건축가들이 비대칭적인 단일의 탑을 가진 기형적인 교회 건물을 설계하여 우리 주변에서 종종 마주할 수 있다.

이처럼 시대의 변화에 따라 건물의 양식도 변화하며 전체 건물의 조화보다는 당시 건축가의 선호하는 방식과 기술에 의하여 건물의 형태가 결정되는데, 하기아 소피아의 경우에도 모스크로 변형되면서 네 개의 미나렛이 150년의 기간 동안 건축되었기 때문에 남동쪽에 있는 가장 초기의 미나렛은 붉은 벽돌로 건축되어 석재로 건축된 나머지와 확연한 차이를 보인다(그림 17 참조).

교회 탑의 주 기능은 교파에 따라 차이는 있지만, 예배를 위해 시간을 알리고 교회와 지역사회와 연관된 다양한 행사 때 사용하기 때문에 교회 내부뿐 아니라 외부 멀리까지 소리를 전날하기 위하여 선물의 가장 높은 부분에 위치하도록 하였을 것이다. 반면 미나렛은 육성을 통하여 기도의 외침을 전달하기 때문에 높이 만드는 것은 당연하지만, 기도를 외치는 무에진의 방향이 건물의 내부 키블라를 향하기 때문에 그렇게 높을 필요가 없는데, 과도하게 높이 세운 미나렛은 기능적인 의미보다는 상징적인 목적으로 건축하였을 것이다. 이탈리아 북부 투스카니*Tuscany* 지방의 산 지미나노*San Gimignano* 마을을 방문하면 탑들로 언덕을 장식하는 독특한 광경을 마주하게 되는데 12세기부터 교황파*Guelph*와 황제파*Ghibelline* 가문들 간의 경쟁으로 조그만 마을에 70개 이상의 탑들이 만들어졌다(그림 29). 높이 경쟁을 막기 위하여 시의회에서는 더 이상 시청*Palazzo Comunale*에 인접

그림 29 이탈리아 시에나*Siena* 지방에 있는 탑의 마을인 산 지미나노*San Gimignano*

한 '거대한 탑Torre Grossa'(1310)보다 높지 않도록 제한하였다고 한다. 이러한 높이의 경쟁은 전설의 바벨탑과 같이 인간의 욕망 중 하나이며, 현대 초고층 건물의 높이 경쟁과 같이 미나렛의 높이도 건물의 기능과는 관계 없이 높아졌을 것이다.

미나렛의 개수는 정해진 것이 없으나 초기에는 1개의 미나렛이 그 역할을 수행하는 데 충분하였을 것이다. 이슬람 세력이 확장되고 모스크의 규모가 커짐에 소리의 전달을 원활하게 하도록 1개 이상의 미나렛이 필요하였을 것인데, 이러한 수의 증가는 실용적인 목적보다는 건물의 규모를 과시하기 위해서였을 것이다. 이스탄불에 있는 블루모스크Sultan Ahmed Mosque(1609~1616)는 6개의 미나렛을 가지고 있는데, 전례에 따르면 '술탄 아메드 1세가 '황금 미나렛altin minareler'을 만들어 달라고 건축가에게 요구하였는데 '6개의 미나렛alti minare'으로 잘못 알아듣고 황금 미나렛이 아닌 6개의 미나렛을 만들어 버렸다. 메카에 있는 대모스크와 같은 수의 미나렛이 만들어져 입장이 난처하게 된 술탄은 메카의 대모스크에 7번째 미나렛을 설치하도록 명령하였다'고 한다. 블루모스크 코너에 연필과 같은 형태의 4개의 미나렛은 3개의 발코니serefe를 가지고 있으며, 건물의 전면 코트야드courtyard 양 끝에 있는 2개의 미나렛들은 두 개의 발코니에 높이도 상대적으로 낮다. 오랜 기간에 건축되어 다소 상이한 재료와 형태로 불균형적인 하기아 소피아의 미나렛과는 달리 짧은 공사기간과 단일의 건축가에 의해 계획되었기 때문에 양식의 차이 없이 발코니수와 높이 변화를 사용하여 전체 건물을 더 균형감 있게 만들었다(그림 30). 비록 많은 발코니와 미나렛을 가지고 있어도 한 명의 무에진이 기도때마다 정해지는 장소에 올라가서 기도를 알리기 때문에, 높이가 낮고 두 개의 발코니를 가진 전면의 미나렛은 전체 건물의 균형감뿐만 아니라 좁은 나선형 계

그림 30 6개의 미나렛으로 유명한 블루모스크 *Sultan Ahmed Mosque*(Jorge Láscar, CC BY-SA 3.0)

단을 하루에 다섯 번 오르는 무에진들의 고충을 완화하는 방안일 것이다. 현재 많은 모스크의 미나렛에는 스피커를 설치하여 무에진의 기도 소리를 증폭할 수도 있으며, 일부 미나렛은 상단 플랫폼에 쉽게 접근하기 위한 엘리베이터를 설치하기도 한다.

미나렛의 기능적인 목적보다 장식적이고 상징적인 건축요소로 변형되는 것을 잘 보여주는 건물은 인도를 대표하는 '마할의 묘지'인 '타즈 마할 *Taj Mahal*'이다. 백색의 대리석으로 건축된 건물은 17세기에 무굴황제 샤자한*Shah Jahan* 이 사랑하는 부인 무타즈 마할*Mumtaz Mahal* 을 위하여 만든 묘지로서 모스크는 아니지만 4개의 미나렛을 가지고 있다. 이는 순전히 장식적인 기능으로 부인의 묘지를 모스크와 같은 성전으로 만들고자 하는 열망의 결과물로 볼 수 있다. 특히 타즈 마할의 미나렛은 수직의 중심선에서 바깥으로 약간 기울어져 있는데 이는 지진이나 다른 문제로 인하여 붕괴될 경우 본 건물에 영향을 주지 않도록 하기 위하여서이다(그림 31).

모스크에서 미나렛은 기능적으로는 건물의 내부와 외부에 있는 무슬림들에게 기도를 알리는 역할을 하지만, 건축적으로는 외부를 장식하고

그림 31 인도 아그라*Agra* 에 있는 타즈 마할*Taj Mahal*

상징하는 이슬람 건축의 중요한 요소이다. 이러한 랜드마크적인 미나렛으로 쉽게 찾아간 모스크의 출입구를 통하여 건물 내부에 들어서면 본당이 펼쳐지는 교회와는 달리 열주로 둘러싸인 또 다른 오픈된 외부 공간을 마주하게 된다.

코트야드courtyard: *sahn*

봄기운이 완연한 날 코르도바 대모스크에 들어서면 인공적인 향수보다 더 감미로운 오렌지 꽃향기가 바닥에 흐르는 물소리와 조화를 이루어 여행의 피곤함을 미풍에 날려버리는 것 같다. 이렇게 건물로 둘러싸여 오픈된 외부 공간을 아랍어로 사흔*sahn* 이라고 부르며 영어로는 코트야드 courtyard 라 한다. 코트야드는 담이나 건물로 둘러싸인 공간이라는 프랑스어 코르*cort* 와 영어의 개방된 땅인 야드*yard* 가 합성된 단어로 그냥 코트

코르도바 대모스크_중세 스페인 이슬람제국의 성소

court 라고 부르기도 한다. 이러한 코트야드는 건물이나 인공 구조물로 둘러싸인 사각형의 개방된 공간으로 모임과 휴식을 포함하여 다양한 기능을 가진 외부 공간의 기능을 하고 있다. 코트야드를 일반적으로 중정中庭으로 번역하는데, 건물 중앙에 정원이 있는 공간이라는 의미가 강하기 때문에 코르도바 내모스크의 코트야드와 같이 정원으로 구성된 공산을 중정이라고 하는 것은 적합하나 정원의 요소가 없는 대부분의 모스크 내부의 외부 공간은 중정보다는 코트야드 courtyard 가 적합할 것이다.

코트야드의 코트 court 는 다양한 의미로 사용되는데 대표적인 것이 사각형 형태의 '테니스 코트'와 건물로 둘러싸인 개방된 공공장소에서 재판하였던 것에서 유래한 '법정'이다. 코트야드와 비슷한 의미로 아트리움 atrium 이라는 건축용어도 구분 없이 많이 사용하는데, 코트야드와 기능은 거의 유사하나 건물 내부에 자연 채광을 유입하기 위하여 만들어지는 공간을 의미한다. 코트야드는 벽과 건물로 둘러싸인 외부 공간인 반면, 아트리움은 건물 내부 다양한 곳에서 빛을 유입시키는 오픈된 공간을 의미한다. 특히 건물의 최상층부와 연결되는 수직의 보이드void 공간에 빛을 유입시켜 정원과 같은 휴게공간을 만드는 데 주로 사용한다.

모스크에서 코트야드 sahn 는 미나렛과 같이 건물의 외부 공간을 구성하는 필수적인 건축요소이다. 건축된 지역과 시대에 따라 형태는 다양하나 일반적으로 모스크의 출입구와 기도홀 진입부 사이에 위치하고 있으며 아케이드 arcade, riwaq 로 둘러싸여 있다. 아케이드는 전형적으로 평지붕 또는 돔으로 된 지붕을 일련의 아치와 기둥들이 지지하고 있는데, 내부와 외부 공간을 자연스럽게 연결하는 전이 공간의 역할을 하고 있다. 코트야드 자체는 직사각형 또는 정사각형으로 이루어져 있으며, 바닥은 대리석 또는 장식적인 재료들로 되어 있다. 몇몇 모스크에서 코트야드는 주변보다 조금 높여 신도들이 모이는 플랫폼 역할을 하며, 세정을 위한 분수나 수반을 포함하고 있다. 특히 코트야드의 개방된 공간은 모스크에 들어오는 모든 사람의 사회 · 경제적 지위와는 관계없이 신도들의 동질감과 통합의 개념을 표현하는 상징적인 중요성을 가지고 있으며, 주요한 특징은 다음과 같다.

1. **집회 공간** : 기도 전후에 신도들이 사회적 교류를 통해 공동체 의식과 연결감을 형성하기 위한 개방된 집회 공간이다.

2. **신성한 세정**ablution, Wudu : 기도실로 들어가기 전 세정의식을 위한 공간으로 이에 필요한 분수나 수반과 같은 세정시설을 설치한다.

3. **기도 공간 확장** : 건물 내부 기도홀prayer hall 이 충분한 인원을 수용하기에 부족할 경우 기도 공간으로 사용하고 대규모 단체기도를 가능하게 한다.

4. **이동 및 출입** : 모스크가 이슬람 공동체의 중심으로 학교와 도서관 또는 다양한 공동시설을 가진 커뮤니티 센터community center 의 역할을 함에 따라 복합체 내에서 효율적인 이동과 출입을 제공하는 중심 허브 공간으로 작용한다.

5. **건축적 아름다움** : 아케이드의 열주로 둘러싸인 공간 자체의 아름다움에 더하여 분수, 정원, 정교한 장식예술이 모스크의 전체적인 시각적 매력과 영적 분위기를 향상시킨다.

6. **채광과 환기** : 기도실을 포함하여 주변 공간을 자연광으로 밝히며, 모스크 전체의 공기 순환과 환기를 촉진하고 신도들에게 편안한 환경을 제공한다.

7. **고요와 사색** : 개방적인 디자인과 자연과의 연결은 영적 경험을 향상

시키고, 기도와 사색에 적합한 평온한 공간을 제공한다.

이러한 코트야드는 이슬람 건축만의 독특한 양식이 아니라 고대 메소
포타미아의 대표적인 양식으로 이집트 신전과 초기 그리스도교회에서도
사용하였다. 이집트에 있는 룩소르신전Luxor Temple 의 폐허화된 파일런
pylon 을 통하여 건물 내부에 들어서면 모스크와 거의 흡사한 열주로 둘러
싸인 코트야드에 들어서게 되는데, 형태는 모스크와 유사하지만 기능에
서는 상당한 차이가 있다. 모스크의 코트야드는 세정과 집단기도를 위한
공간이며 무슬림이면 누구든지 접근할 수 있는 장소인 반면, 이집트 신전
에서는 예배행렬과 예식활동 그리고 축제나 기념행사와 같은 경우에만
사용되며, 평상시에는 신성한 공간으로 간주되어 제사장이나 고위직만
접근할 수 있는 특별한 공간이다.

로마 바티칸Vatican 에 있는 성 피터 바실리카St. Peter's Basilica(1506~1626)
광장은 오벨리스크obelisk 를 중심으로 베르니니Gian Lorenzo Bernini 가 디자
인한 거대한 타원형의 열주가 방문객과 신도를 포근하게 감싸 안고 있는,
입구가 개방된 타원형의 코트야드로 구성되어 있다(그림 32). 르네상스와
바로크 최고의 예술 및 건축가들이 1506년부터 백 년 이상 동안 참여하여
이루어낸 기념비적인 건축물 이전에는 로마황제 콘스탄티누스의 지시에
의하여 4세기 초에 건축된 '구 성 피터 바실리카Old St. Peter's Basilica'가 지
금의 자리에 있었다. 이전 바실리카 교회의 출입구를 통하여 내부에 들어
서면 사각형의 코트야드가 아케이드로 둘러싸여 있으며, 중앙에는 세정
을 위한 분수가 있어 모스크의 코트야드와 같은 구성을 하고 있지만 이집
트 신전에서와 같이 예배행렬과 예식이 주목적이었다(그림 33). 하기아 소
피아 교회 건물 또한 성 피터 바실리카와 같이 예배의식과 집회 그리고

그림 32 성 피터 바실리카의 광장 전경

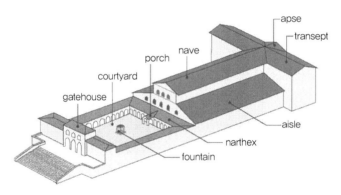

그림 33 구 성 피터 바실리카 건물과 코트야드

다양한 활동을 위하여 서쪽 진입부에 코트야드가 있었으나, 모스크로 변형되면서 미나렛을 포함하여 부속건물이 그 자리에 건축되었으며, 건물의 집입부는 남서측으로 옮겨져 세정분수는 진입방향에 새롭게 설치되었다. 특히 모스크에서 필수공간인 코트야드를 제거한 것은 의외인데, 아마도 건물 내부의 전이공간인 나르텍스narthex가 코트야드의 역할을 할 정

도로 여유가 있을 뿐 아니라 많은 신도를 수용하기에 건물 내부 공간이 충분하였기 때문일 것이다.

미흐랍*mihrab*

비록 인공적인 공간이지만 자연과 연결된 코르도바 내모스크의 코트 야드*courtyard*를 거닐다가 모스크 내부에 들어서면 유럽 여행 중 자주 방문하게 되는 대성당들과는 전혀 다른 익숙하지 않은 공간에 잠시 방향을 잃고 당황하게 된다. 일반적으로 대성당 건물 내부에 들어서면 수직의 높은 공간과 스테인드글라스*stained glass*의 환상적인 빛의 향연에 감탄하면서 방향의 전환 없이 점진적으로 진행하다가 건물 후면에 있는 성소*sanctuary*에 도착하게 된다. 이와는 달리 모스크 내부는 많은 신도가 모여 단체로 기도를 하는 것이 주목적이기 때문에 '기도홀*prayer hall*'이라고 부르며, 기도에 방해되는 요소들을 최소화하였다. 따라서 교회와 같이 성소에 가서 성물을 친견하고 예배를 드리는 방식이 아니라 기도홀 어디에든지 편한 곳에 자리를 잡고 일상의 기도를 행하면 되기 때문에, 교회와 같이 수직의 위계적인 배치가 아니라 동일한 선상에 많은 이들을 수용하기 위해 중심점 없이 수평으로 공간이 배치되어 있다. 그러나 이러한 기도홀 내부에도 형상을 향하여 기도하지 않는 무슬림들을 위하여 카바의 성전을 향한 기도의 방향을 출입구 맞은편 벽면 중앙에 설치하였는데 이것을 '미흐랍*mihrab*'이라고 한다.

미흐랍은 무슬림이 기도할 때 메카에 있는 카바*kaaba*를 향하는 방향인 '키블라*qibla*'를 상징하기 위하여 벽에 설치한 것이다. 성소 또는 신비한 장소를 의미하는 아랍어 '하람*haram*'이라는 단어로부터 나왔다고 하는데 어원은 학자들 간에 다양하다. 미흐랍은 일반적으로 키블라 벽체에 니

그림 34 하기아 소피아 앱스*apse* 우측에 위치한 미흐랍*mihrab*과 민바르*minbar*

치*niche* 형태로 만들어지는데, 석재, 목재 또는 타일과 같은 다양한 재료를 사용하여 화려한 디자인으로 장식되었다. 이러한 미흐랍은 신도들이 기도하는 동안 메카를 향하도록 도움을 줄 뿐만 아니라 모스크 내부의 중요한 중심점으로 종교적이고 건축적인 요소로써 신성한 공간을 상징하고 있다(그림 34).

전례에 의하면 초기의 미흐랍은 거대한 석재로 키블라의 방향을 표시하였다고 한다. 무함마드의 모스크인 예지자의 모스크*Nabawi Mosque*에서도 거대한 석재로 키블라의 방향을 표시하였다고 하는데, 처음에는 키블라의 방향이 예루살렘이었기 때문에 북측 벽에 놓여 있다가 카바*Kaaba* 방

코르도바 대모스크_중세 스페인 이슬람제국의 성소

향으로 바뀌면서 남측 벽으로 옮겨졌다고 한다. 초기 모스크의 건축과 미흐랍의 물리적인 형태에 관련된 구체적인 기록이 남아있지 않아 정확한 형태를 추론하기 어렵지만, 거대한 석재로 키블라의 방향을 표시하지는 않은 것 같다. 하디스에 기록된 내용을 보면 예루살렘으로 향하는 기도의 방향인 북측을 제외하고 나머지 세 방향에는 각자의 이름을 가진 출입구가 있으며, 건물의 폭에 비하여 남북 방향의 길이는 깊지 않기 때문에 건물을 신축하지 않는 이상 석재의 위치만 바꾼다고 기도의 방향을 쉽게 해결할 수 없었을 것이다. 초기 모스크의 규모가 크지 않았고 개종하는 많은 신도를 수용하기에는 내부 공간이 협소하므로 기도는 주로 개방된 외부 공간에서 행하였으며, 기도의 방향만 남쪽을 향하였을 가능성이 클 것이다. 기도 방향의 변경을 하나님으로부터 계시 받은 장소인 두 개의 키블라를 가진 모스크Masjid al-Qiblatayn는 아마도 나중에 건축되어 기도홀 내부 공간이 예지자의 모스크보다 더 크기 때문에 남쪽 방향으로 새로운 미흐랍을 설치할 수 있었을 것이다.

초기 미흐랍의 형태를 정확하게 알 수는 없지만 예지자의 모스크가 건축된 지 1세기가 지나기 전에 우마야드 왕조시대Umayyad Caliphate에 모스크가 재건축되면서 교회의 앱스apse와 같이 움푹 파인 형태의 미흐랍이 만들어졌으며, 이러한 니치niche의 미흐랍이 모스크의 전형적인 양식으로 발전하였다. 교회의 앱스와 같이 미흐랍이 화려하게 장식되어 있어 무슬림들이 기도할 때 미흐랍을 향하여 기도하는 것으로 오해할 수 있는데, 미흐랍은 키블라 벽체를 상징적으로 표현하고 있으며 기도는 미흐랍 방향이 아니라 키블라 벽체를 향하여 일렬로 늘어서 기도하는 것이다(그림 35).

미흐랍의 특성을 가장 잘 볼 수 있는 곳은 역설적으로 하기아 소피아 건물에서 만날 수 있다. 건물 외부의 웅장한 돔 주변의 미나렛과 건물 내

그림 35 쉴레이마니예 모스크 *Süleymaniye Mosque* 에서 키블라 벽체를 향하여 금요기도하는 장면
(Mstyslav Chernov, CC BY-SA 4.0)

부 거대한 원형 패널에 장식된 캘리그래피를 보면서 모스크로 변형된 것을 알아차리지만, 1,500년 전 비잔틴 건축양식을 감상하다보면 모스크라는 사실을 잊어버린 채 동쪽 성소 sanctuary 에 다다르게 된다. 앱스 상부 반원형 돔에 화려한 모자이크로 장식된 성모상에 머무르던 눈길이, 하단부에 2개 층으로 나뉜 3개의 스테인드글라스와 대리석 패널의 균형 잡힌 조화를 통하여 방사되는 빛의 향연의 아름다움에 매료되어 내려오면, 중심에서 우측으로 비켜 세워져 있는 미흐랍을 마주하면서 이곳이 더 이상 비잔틴 교회가 아니라 모스크라는 현실을 다시 일깨워 준다. 모스크로 변형되면서 만들어진 미흐랍은 건물과 일체화되지 못하고 벽체에 부착되어 돌출된 가구 같은 형태를 하고 있는데, 타일과 꾸란의 캘리그래피로 장식된 반원형 니치로 구성되어 있으며, 상부는 왕관을 쓰고 있고 양 측면에는 16세기에 술탄 쉴레이만 대제 *Suleiman the Magnificent* 가 헝가리를 점령한

후 가져온 거대한 황동 촛대가 세워져 있다. 기념비적인 건물을 파괴하지 않고 원형을 최대한 보전하면서 모스크로 변형한 것은 무엇보다 감사한 일이지만, 중심을 비켜나서 설치된 미흐랍은 보는 이들에게 불편함을 이끌어 낸다. 특히 하기아 소피아에 설치된 미흐랍은 곡선의 한 부분에 있는데 원형의 특성은 한 점으로 모인다는 것이다. 키블라 벽제와 평행으로 나란히 정렬한 뒤 기도를 하게 되면 정확히 카바 방향을 향할 수 있지만, 원형의 공간에서 중심에서 벗어난 점을 향하여 정렬하는 것은 어려울 뿐 아니라 자연스럽게 시선의 초점이 정면으로 향하는 것이 아니라 미흐랍 방향으로 향할 가능성이 있을 것이다. 사실 기도자의 자세와 시선의 방향을 조금만 돌려도 카바로부터 수백 km 떨어진 방향을 바라볼 수 있는데, 넓은 공간에 사선으로 늘어서 기도하는 모습을 상상하면 과연 정확한 기도의 방향이 불편함을 감수하면서까지 중요한가라는 생각이 든다. 이러한 기능적인 불편함으로 인하여 하기아 소피아 건물을 참조하여 건축된 쉴레이마니예 모스크Süleymaniye Mosque(1550~1557)와 블루모스크Sultan Ahmed Mosque(1609~1616)에서는 반원형 돔 하단을 교회의 앱스와 같은 곡선이 아닌 직선의 키블라 벽체로 만들어 기도의 방향을 정하는 데 용이하게 하였으며, 미흐랍은 키블라 벽체 정중앙에 설치하여 건물 전체의 조화를 해치지 않고 자연스럽게 녹아 있어 설교를 위하여 우측에 설치한 민바르minbar 의 독특한 형태를 눈여겨보지 않으면 하기아 소피아보다 더 모스크같이 느껴지지 않는다(그림 35).

미흐랍은 키블라 벽체를 파고 들어가 반원형의 니치 형태로 되어 있기 때문에 상부는 원형으로 만들어진다. 초기에는 캘리그래피와 별들로 장식한 하기아 소피아와 같이 반원형의 돔으로 만들었으나, 나중에는 스퀸치squinch 형태로 장식하는 기술이 발전되어 블루모스크에서와 같이 복잡한 금박장식으로 화려하게 만들어졌는데 이를 무카르나스*muqarnas* 라고 부른다.

무카르나스*muqarnas*

클래식 기타로 유명한 타레가*Francisco Tárrega*(1852~1909)의 대표작인 '알함브라의 추억*Recuerdos de la Alhambra*'의 아름다운 선율을 듣고 있으면, 감정을 흔들어 놓는 트레몰로*tremolo* 주법이 알함브라 궁전을 장식하고 있는 무카르나스의 끝없이 반복하고 상승하는 환상적인 화려함 속으로 공간 이동시켜 영화로웠던 지난 시절의 무상함에 애잔하게 만든다. 음악은 회화와 같이 직접적으로 대상을 표현할 수는 없지만, 표제를 가지고 있는 경우에는 작가의 의도를 좀 더 쉽게 머릿속에 재현할 수 있는데, 타레가의 곡을 들을 때마다 알함브라의 무카르나스 장식을 이보다 더 잘 표현할 수 없이 느껴진다.

무카르나스의 어원은 학자들 간에 이견이 있는데 코니스*cornice* 의 어원이기도 한 장식적인 몰딩이라는 의미의 그리스어 코르니스*koronis* 와 '뿔'이라는 의미의 카른*qarn* 에서 유래하였다고 하고, '종유석' 또는 '벌집'과 같은 의미의 아랍어 카르나스*qarnas* 에서 기원하였다고도 한다. 일반적으로 평면의 면에서 곡면으로 변화하면서 만들어지는 스퀸치*squinch* 의 화려한 장식요소인 무카르나스가 동굴에 매달려 있는 종유석과 기하학적으로 구성되어 있는 벌집과 유사하여 종유석 볼트*stalactite vaulting* 또는 벌집 볼트*honeycomb vaulting* 라고 부르기도 한다. 무카르나스는 수직적인 구조체가 곡선적인 형태로 변형할 때 부드럽고 단절없는 연속성을 제공하며, 특히 기하학적인 삼차원의 형태가 다채색의 타일과 유리로 덮여 있을 때 빛에 의해 만들어지는 변화는 환상적이다. 무카르나스는 스퀸치에만 국한된

그림 36 이완 입구에 장식된 무카르나스 장식(Agha Bozorg Mosque, Iran)

것이 아니라 아치, 볼트 그리고 돔과 같은 셸shell 구조체에 장식되는 것으로 미흐랍mihrab과 이완iwan 같은 모스크의 다양한 곳에서 볼 수 있다 (그림 36).

무카르나스 장식은 다양하게 발전되다가 이슬람의 황금시기인 12세기에 이르러 이슬람 건축에 중요한 요소로 자리 잡았다. 이러한 무카르나스 장식의 최고봉은 스페인의 마지막 이슬람 왕조인 나스리드Nasrid 왕조시대(1230~1492)에 붉은 벽돌로 성벽을 만들어 '알함브라al-hamra'(붉은 것)라는 이름을 가진 궁전에서 화려함을 감상할 수 있다. 알함브라 궁전의 중심에 있는 사자의 코트야드Court of the Lions 주변 건물의 내부 홀hall에서 화려한 무카르나스 장식을 만날 수 있는데, 심지어 서쪽에 있는 홀의 명칭은 '모카라베의 홀Sala de los Mocárabes'이다(그림 37).

모카라베Mocárabes는 무카르나스의 스페인어로, 모스크를 메즈키타

그림 37 모카라베의 홀 *Sala de los Mocárabes*의 바로크 배럴볼트 장식(Kolforn (Wikimedia), CC BY–SA 4.0)

Mezquita 라고 부르는 것처럼 스페인을 방문할 때 유용할 것이다. '모카라베의 홀'은 이름과 달리 진입하는 출입구 포치 porch 의 아치를 장식하는 정교한 무카르나스 외에는 건물 내부에 들어서면 다소 실망스럽다. 명칭에 걸맞은 원형의 흔적을 찾으려고 하여도 천장은 18세기에 바로크 양식의 배럴볼트 barrel vault 로 교체되었으며, 그나마 일부분은 파괴되어 복구되지 않고 있다. 이러한 실망과 아쉬움은 코트야드를 중심으로 남북으로 마주보고 있는 두 곳의 홀을 방문하면 감탄으로 바뀐다. 코트의 남쪽에 있는 '아벤세라제스 홀the Sala de los Abencerrajes'과 북쪽에 있는 '두 자매의 홀the Sala de Dos Hermanas'이다. 먼저 규모가 상대적으로 작은 남쪽에 있는 '아벤세라제스 홀'에 들어서면 아치 위로 상승하는 형태의 무카르나스 장식을 따라 눈길은 자연스럽게 위로 향하고, 8개의 꼭짓점을 가진 별 모양이 밤하늘과 같은 강렬한 인상을 준다. 다시 아래로 확산되어 재구성된 듯 16

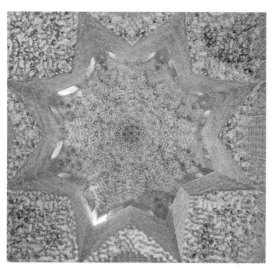

그림 38 아벤세라제스 홀*the Sala de los Abencerrajes*의 돔과 무카르나스 장식(© CEphoto, Uwe Aranas)

개의 면을 가진 별 모양이 상부의 돔을 지지하고 있으며 각각의 벽면에는 창을 설치하여 자연 채광을 유입하였다. 16개의 창문을 통하여 들어오는 빛은 무카르나스의 삼차원적인 조각 형태에 부딪히고 산란되어 명암의 효과를 극대화시키면서 천상의 세계를 구현한 것 같다. 현란한 상부 돔은 스터코stucco로 마감되어 있으며, 하부 벽체는 타일로 장식되어 있는데 16세기에 교체되었다고 한다(그림 38).

코트야드를 가로질러 북측의 홀로 들어서면 알함브라 무카르나스 장식의 백미인 '두 자매의 홀'에 들어서는데, 맞은편 아벤세라제스 홀과 같이 사각형 평면에 팔각형 돔을 만들어 수직의 벽체가 곡선으로 변하는 코너 부분의 스퀸치 구조에 무카르나스로 장식하였다. 알함브라에서 두 번째로 큰 직경 8미터의 돔dome 중심으로부터 8각형의 별과 꽃과 같은 형태들이 펼쳐나가 16개의 미니 돔들을 구성하고, 하부 8개의 면에 만들어

그림 39 두 자매의 홀 *the Sala de Dos Hermanas* 의 돔과 무카르나스 장식(R Prazeres, CC BY-SA 4.0)

진 쌍으로 된 16개의 창호로부터 유입되는 빛은 천상의 아름다움을 구현하는 것 같다(그림 39). 빠른 손놀림에 의해 만들어지는 트레몰로의 매력과 같이 돔 중심의 팔각형에서 펼쳐 나간 형태들은 지상을 비추었다가 다시 천상으로 되돌아가는 밤하늘의 별과 달 그리고 밝은 태양의 반복과 같이 무카르나스로 표현할 수 있는 최고의 환상적인 아름다움을 구현한 것 같다.

우리는 삼차원의 세상에서 생활하지만 모든 가구가 제거된 사각형의 인공적인 공간에서는 삼차원의 형태를 인지하기 힘든데, 한 방향으로 향한 시선이 이차원적인 면만을 바라보기 때문이다. 이러한 이차원의 단조로운 면에 변화를 주기 위하여 벽면을 장식하는 행위를 하는데, 그중 가장 효과적인 것은 벽기둥을 돌출시키거나 장식몰딩을 하여 벽면에 변화를 주는 것이다. 여기서 중요한 것은 빛을 유입시켜 삼차원의 효과를 극

코르도바 대모스크_중세 스페인 이슬람제국의 성소

대화하는 것이다. 특히 빛에 의해 만들어지는 착시현상은 우리의 감각기관의 신뢰성을 의심하도록 하기에 충분한데, 이러한 감각기관의 오류를 이용하여 단조로울 수 있는 면을 최대한 삼차원의 환상적인 상태로 변화시킨 것이 무카르나스라고 정리할 수 있다.

알함브라 궁전과 같이 경이로운 무카르나스 상식을 모든 모스크에서 항상 볼 수 있는 것은 아닌데, 일반적으로 모스크 진입부의 상부 스퀸치를 장식하거나 미흐랍을 구성하는 니치의 상부에서 만날 수 있다. 그러나 하기아 소피아에서는 미흐랍 상부를 무카르나스로 장식하는 대신 반원형 돔에 황금색 육각형의 별들로 단순하게 천상을 표현하여 무카르나스 요소를 찾아 볼 수 없다. 따라서 무카르나스는 모스크를 구성하는 필수요소가 아니라 곡선의 면으로 전이되는 공간을 자연스럽게 장식하는 이슬람의 건축요소로 이해하면 된다. 비록 하기아 소피아의 미흐랍에서 무카르나스 장식은 볼 수 없지만 미흐랍 우측면에 가구와 같은 특이한 구조체를 마주하게 되는데 이것은 모스크의 필수요소인 민바르*minbar* 이다.

민바르*minbar*

모스크를 처음 방문한 곳이 하기아 소피아인 경우 대부분의 사람은 거대한 앱스*apse* 우측 벽에 세워져 있는 가구와 같은 구조체를 보며 잠시 발걸음을 멈추어 흥미롭게 바라본다. 입구에는 개방된 문이 설치되어 있고 높은 계단 상부는 교회 종탑 같은 형태로 네 개의 반원형 아치 위에 원추형 돔이 설치되어 있는 독특한 형태의 용도를 궁금해 하다가 지나쳐간다(그림 34). 이슬람에서만 볼 수 있는 이러한 구조물을 민바르라고 부르는데 이것은 모스크에서 설교와 연설을 하기 위한 설교단이다. '올라가는 장소'의 의미인 아랍어 'Manbar'에서 나온 말인 민바르는 일반적으로 기도의 방향인 키블라*qibla* 벽에 설치된 미흐랍*mihrab* 오른쪽에 위치한다. 민바르의 사용은 초기 무함마드가 메디나에서 두 계단으로 만들어진 나무 설교단에서 설교하면서 시작되었다고 하며, 시간이 지남에 따라 계단의 높이와 규모가 발전되어 모스크 건축의 중요한 특징이 되었다. 민바르의 재료와 형태는 위치한 지역의 문화와 예술적인 전통을 반영하여 발전하였는데, 일반적으로 나무가 주재료이나, 대리석과 같은 석재와 벽돌 등 다양한 건축재료로 만들어진다. 직선으로 만들어진 계단 상부에는 연단이 있으며 연단 상부는 돔으로 장식하기도 한다. 계단 하부에는 출입구를 만들기도 하며 심지어 문을 설치하기도 한다. 민바르는 항상 미흐랍 우측에 위치하는데 오른쪽은 이슬람에서 더 영예롭고 고결한 장소이며, 예지자 무함마드가 오른쪽 측면의 단 위에 올라서서 대중을 향하여 설교하던 전통을 따른 것이라고 한다(그림 40).

그림 40 기도홀 내부 미흐랍과 민바르(The Mosque-Madrasa of Sultan Hasan, Cairo, Dave Berkowitz, CC BY 2.0)

코르도바 대모스크_중세 스페인 이슬람제국의 성소

민바르minbar 는 금요일 단체기도에서 주로 사용하기 때문에, 지역에 따라 다양하게 사용하는데 도시에 하나의 민바르만 설치한 경우도 있고 심지어 금요설교 때만 설치하기도 한다. 북부 아프리카와 같은 곳에서는 미흐랍 우측 벽에 창고를 만들어 보관한 뒤 연설 때마다 사용하며, 이동을 원활하게 하기 위하여 바퀴를 달기노 한다. 무슬림이 가장 중요하게 여기는 기도가 금요일 오후 단체기도이다. 유대인과 그리스도교인들에게 일요예배가 중요하듯이 무슬림에게는 금요일에 도시의 가장 큰 모스크에 단체로 모여 기도하는 것이 중요한 의무로 꾸란에는 하나님이 다음과 같이 계시를 내렸다고 한다.

"믿는 자들아, 금요일Jumah 기도를 위한 외침adhan 이 들릴 때, 하나님을 떠올리며 생업을 중단하고 기도에 참여하라. 이것이 너에게 더 나은 것이니라." (Quran, Surah Al-Jumu'ah 62장, 9절)

또한 금요일의 중요성에 대해 예지자 무함마드가 다음과 같이 부연 설명하였다고 한다. "해가 떠오르는 가장 좋은 날은 금요일이다. 그날에 하나님은 아담을 창조하셨다. 그날에 낙원으로 들어가게 하셨고, 그날에 그곳에서 쫓겨났으며, 종말의 시간은 다른 어느 날보다도 금요일에 이루어질 것이다."

민바르는 권위와 지도력의 상징이며, 설교를 하기 위해 민바르에 오르는 사람은 일반적으로 기도를 주관하고 정신적인 지도자인 이맘imam 이나 학자와 같은 지역 사회에서 존경받는 인물이다. 이맘은 민바르에서 이슬람과 관련된 주제로 설교를 하는데, 때로는 결혼이나 장례식으로 사용되기도 한다. 금요기도 때 이맘이 민바르 계단을 올라가 신도들을 향해 인사하고 꾸란을 낭독한 뒤 설교를 진행하는 절차로 구성되어 있다. 특히 이맘에 의한 설교를 쿠트바흐 *khutbah* 라고 하는데 원칙적으로는 꾸란의 언어인 아랍어로 진행되어야 하지만 나라마다 다른 언어로 할 수도 있다. 민바르는 교회의 설교단 *pulpit* 과 거의 같은 기능을 하고 있지만, 후면에서 접근하는 것과는 달리 설교자의 전면이 완전히 개방되어 있으며 접근하는 방향을 향하여 설교한다.

가장 유명한 민바르는 10세기 코르도바 왕조 *Cordoba Caliphate* 의 알-하캄 2세 *al-Hakam ll* 가 코르도바 대모스크를 확장하면서 만든 것인데, 6명의 장인과 조수들이 7년 동안 작업하여 만들었다고 한다. 13세기 역사가에 의하면 코르도바의 민바르는 적황색의 백단유 *sandalwood*, 흑단, 상아 그리고 인도산 목재로 만들어졌으며, 당시 금액으로는 35,705 황금 디나르 *gold dinar* 의 가치를 가지고 있었다고 한다. 당시 중산층 가정의 1년 생활비가 20~30디나르였다고 하니, 그 화려함을 상상할 수 있다. 하기아 소피아 교회가 4차 십자군전쟁으로 점령되었을 때 제단을 포함하여 이동 가능한 모든 유물이 훼손되었듯이 코르도바 대모스크의 민바르도 같은 운명을 겪었지만, 미흐랍 전면에 있는 왕족과 고위층을 위한 기도실인 마크수라 *maqsurah* 는 원형을 보존하고 있다.

마크수라 *maqsurah*

그리스도교는 유대교와는 달리 민족주의와 정치와는 관계없이 포교와 순교를 통하여 교세를 확장해 나간 반면, 이슬람은 여러 부족과 민족이 하나님 앞에 평등하다는 종교적인 신념 아래 정복을 통하여 이슬람국가를 만들고자 하는 정치적인 종교라고 볼 수 있다. 예지자 무함마드가 메디나로 이주한 후 10년이라는 짧은 기간 동안 부족사회로 구성되어 있는 아랍을 단일의 이슬람 종교 아래 정부 형태인 이슬람 국가를 만들어 세력을 확장하였다. 무함마드의 사망 후 종교적 지도자이자 정치적 지도자로서 첫 번째 칼리프*caliph* 자리를 승계한 아부 바크*Abu Bakr*의 2년간의 짧은 통치 이후, 페르시아와 같은 사산제국*Sassanian Empire*과 심지어 비잔틴제국의 영역까지 점령지역을 확충하여 이슬람제국 발전의 기반을 만든 것으로 칭송되는 두 번째 칼리프인 우마르*Umar ibn al-Khattab*(재임기간 634~644)가 자신을 보필하는 페르시아 출신의 시종에 의해 모스크 안에서 살해당한 사건이 발생하였다. 세 번째 칼리프로 추대된 예지자 무함마드의 조카이자 사위인 우스만*Uthman ibn Affan*(재임기간 644~656)은 그의 전임자와 같은 살해를 당하지 않기 위하여 메디나에 있는 예지자의 모스크*Nabawi Mosque*에 차단된 기도공간을 만들었는데 이것이 최초의 마크수라라고 한다. '차단된 공간'이라는 아랍어 '마크수라*maqsurah*'는 칼리프*caliph* 또는 술탄*sultan*과 같은 통치자들의 기도를 위한 사적 공간으로 복잡한 디자인과 고급스러운 재료로 장식하여 미흐랍*mihrab* 가까운 곳에 설치하였는데, 통치자를 일반 신도들로부터 분리하고, 기도하는 동안 사적인 행위와 안전을 보호하는 목적으로 만들어졌다. 특히 이것은 지역사회에서 지배자의 중요성을 표현하고 그들의 지위에 대한 존경심을 이끌어 내도록하는 것이다. 이슬람 초기의 칼리프는 예지자 무함마드와 같이 기도를 주관하고 설교하는 이맘*imam*의 역할을 하여야 하기 때문에 마크수라는 벽돌로 차단벽을 만들어 쉽게 접근을 못하도록 하고, 벽 사이에는 구멍을 뚫어 기도하는 동안 신도들이 볼 수 있도록 하였다고 한다.

우스만은 재임기간 동안 제국의 영역을 더 확장하고 예지자의 모스크를 포함하여 많은 기반시설을 확충하였으며, 살해의 위협을 피하고자 마크수라를 만드는 노력을 하였다. 그럼에도 불구하고 살해당하였는데, 불행히도 모스크가 아니라 자택에서 우스만 행정부에 불만을 품은 폭도들에 의해 최후를 맞이하였다. 후임자인 알리*Ali ibn Abi Talib*(656~661)는 무함마드의 조카이자 사랑하는 딸 파티마*Fatimah*와 결혼한 이슬람의 4대이자 마지막 '정통 칼리프*Rashidun Caliphate*'이며 시아파무슬림*Shia muslim*은 알리를 초대 이맘이자 유일한 정통 칼리프로 간주하고 있다. 이러한 알리 또한 전임자들과 같은 운명을 맞이하였는데, 라마단*Ramadan* 기간에 쿠파 모스크*Kupa Mosque*에서 아침기도를 올리는 도중에 살해당했다고 한다. 당시에 모스크 내부에 마크수라가 존재하였는지 의심스럽지만 알리의 사망으로 정통 칼리프 시대는 끝을 맺고 우마야드*Umayyad* 가문의 무아위아 1세*Muawiyah I*(661~680)가 칼리프로 즉위한 뒤 수도를 다마스쿠스*Damascus*로 옮

그림 41 코르도바 대모스크의 마크수라(Turol Jones, un artista de cojones, CC BY 2.0)

코르도바 대모스크_중세 스페인 이슬람제국의 성소

기고 이슬람 최초의 세습 왕조인 우마야드 칼리프 왕조*Umayyad Caliphate*를 세웠다. 무아위아 1세는 권력을 중앙 집권화 하고 경비를 강화하는 동시에 기도하는 모든 모스크 내부에는 마크수라를 설치하도록 하였다고 한다. 마크수라는 이슬람이 세력을 확대하면서 발생한 종교와 권력 사이의 밀접한 관계의 상징이며, 기도 중 통치자의 삼재석인 살해의 위협으로부터 방어하기 위한 결과물이기 때문에 현재 대부분의 모스크에는 마크수라가 없으며, 코르도바 대모스크와 같은 곳에서나 만날 수 있다(그림 41). 하기아 소피아 건물 왼쪽에 놓여 있는 정자와 같은 건물은 술탄과 가족들을 위한 기도실이며 '술탄의 코트*Hünkâr Mahfili*'라고 불리는데(그림 34 참조) 설교와 연설 기능까지 갖추어진 마크수라와는 다소 차이가 있다.

이완*iwan*

백색의 아름다운 돔과 아치들로 완벽한 균형미를 자랑하는 타즈 마할 *Taj Mahal*을 방문하면 묘소가 아니라 마치 궁전에 들어선 느낌을 갖게 된다(그림 31). 건물의 용도와는 전혀 관계없는 4개의 미나렛이 종종 모스크로 오해하게 만들지만, 이것을 제거하면 전체 건물의 채움과 비움 그리고 수직과 수평의 조화가 사라질 것같이 보인다. 일반적으로 접근성을 고려하여 지상과 높이의 차이를 크게 두지 않는 모스크와 달리 건물을 높게 들어 올린 상부 발코니는 자연과 조화를 이룬 지상과는 대조적으로 인공적인 광장을 형성하여 건물과 주변 경관을 조망하도록 하고 있으며, 미나렛에 의해 만들어진 수평성을 보완해주고 있다. 무엇보다 수없이 많은 관광객들을 유혹하는 타즈 마할의 백미는 거대한 양파 모양의 돔과 직사각형 면에 아치와 볼트로 구성된 인상적인 중앙 출입구일 것이다. 형태상 단조롭지만 여러 세부적인 요소를 사용하여 복잡하게 장식하지 않고 거대한 규모로 입구의 상징성을 강조하는 이러한 양식을 '이완*iwan*'이라고 부른다(그림 32).

이슬람 건축양식에서 이완은 세 개의 벽체와 한 부분이 오픈된 직사각형의 공간으로 일반적으로 상부가 볼트로 되어 있다. 이완의 정확한 어원은 불분명하나 모스크에서는 기도홀로 향하는 출입구인 포치 porch 에 주로 사용하는데, 직사각형의 면에 중정이나 정원을 향하여 아치로 개방된 형태를 하고 있으며 상부의 볼트는 무카르나스로 화려하게 장식되어 있다(그림 36). 이완은 '피쉬타크*pishtaq*'라는 용어와 항상 함께하는데, 출입구를 예를 들면 전면에서 내부 홀로 전이하는 볼트로 구성된 삼차원의 공간을 이완이라고 한다면, 피쉬타크는 직사각형의 면에 아치로 구성

그림 42 우즈베키스탄 부하라의 미르-이-아랍 마드라사 Mir-i-Arab madrasa, Bukhara, Uzbekistan(David Stanley, CC BY 2.0)

코르도바 대모스크_중세 스페인 이슬람제국의 성소

된 출입구 파사드의 이차원적인 형태를 지칭하는 것이다. 피쉬타크는 '건물 파사드로부터 돌출된 입구'라는 페르시아어로 일반적으로 캘리그래피 calligraphy 와 테셀레이션 tesselation 그리고 기하학적인 디자인으로 장식되어 있다(그림 42).

이완의 형태는 고대 페르시아 건축양식에 뿌리를 두고 있다고 하지만, 건물의 출입구를 상징적으로 장식하고자 하는 것은 종교적인 건축물 뿐 아니라 세속적인 건물에서 중요하기 때문에 다양한 건축양식을 참조하여 발전되었을 것이다. 이집트 신전의 진입부를 장식하는 파일런 pylon 이나, 메소포타미아 신바빌론 도시의 북쪽 성문을 장식하는 이쉬타르 게이트 Ishtar Gate 또한 이완과 유사한 형태라고 볼 수 있는데, 이완의 목적과는 다소 상이하지만 피쉬타크와 같이 출입구 전면을 장식하고, 진입공간 상부에 형성된 배럴볼트 barrel vault 또한 이완과 같이 화려하게 장식되어

그림 43 라옹대성당 Laon Cathedral 서쪽 출입구 west portals(Upaei, CC BY-SA 4.0)

있어 거대하고 기념비적인 특성을 보여주고 있다. 이와 같이 다양한 건축 양식을 접목하여 발전한 이완은 이슬람건축의 가장 인상적이고 상징적인 아이콘icon 요소들 중 하나로 고려되는데, 특히 건물 정면을 장식하는 거대한 아치로 형성된 공간은 장엄함과 개방감을 만들어 낸다. 이러한 이완은 중세 고딕건축에도 영향을 준 것 같은데 라옹 대성당Laon Cathedral 의 서쪽 출입구나 아미앵 대성당Amiens Cathedral 의 아키볼트archivault 로 화려하게 장식되어 있는 주진입부는 이완과 같은 의미로 읽힐 수도 있을 것이다(그림 43).

입구의 시각적인 강조와 기념비성을 제공하는 이완의 형태는 이슬람 왕조의 변화에 따라 다양하게 변화되어 왔는데, 고대 페르시아제국과 사산왕조의 본거지이며 12세기 초반 셀주크Seljuk의 수도였던 이란의 이스파한에서 재건축된 '4개의 이완'을 가진 건물Jāmeh Mosque of Isfahān, Iran 을

그림 44 이란의 이스파한 있는 4개의 이완을 가진 건물Masjid-e-Jāmeh Isfahān(Hamidespanani, CC BY-SA 4.0)

코르도바 대모스크_중세 스페인 이슬람제국의 성소

만날 수 있다. 이스파한 모스크는 코트야드를 중심으로 네 방향에 이완이 배치되어 있는데, 미흐랍이 있는 기도홀에 위치한 이완이 가장 화려하게 장식되어 있으며, 두 개의 미나렛이 양쪽에 배치되어 있다(그림 44). 이러한 형태가 발생하게 된 배경에는 이슬람 황금기에 급속히 확산된 교육기관인 마드라사madrasa를 모스크에 설치하면서 만들어졌다고 한다.

마드라사madrasa

750년 우마야드 칼리프 왕조를 무너트리고 762년 수도를 전략적으로 중요한 현재 이라크Iraq의 바그다드Baghdad로 옮긴 아바스 칼리프 왕조Abbasid Caliphate는 우마야드 왕조의 전통을 이어받아 학문을 장려하였다. 7대 칼리프 알-마문al Ma'mun(813~833)은 부친이 세운 도서관을 의미하는 '지혜의 전당House of Wisdom, Bayt-al-Hikmah'을 더욱 확충하여 유대인과 그리스도인을 비롯하여 유명한 학자들이 연구할 수 있도록 하였다. 특히 중국으로부터 제지술을 배워 과거의 모든 문헌을 아랍어로 번역하여 기록하도록 하였으며, 종교와 철학뿐 아니라 과학, 의학, 천문학 그리고 예술 등 다양한 학문을 발전시켰다. 특히 알-마문 재임기간에 지혜의 전당에서 연구하였던 알-콰리즈미al-Khwarizmi는 인도에서 도입된 아라비아 숫자를 이용하여 사칙연산과 영zero의 개념을 소개하였으며, 알고리즘algorism과 대수학algebra은 그의 이름과 책이 12세기에 라틴어로 번역되어 서구에 소개되면서 나온 명칭이다. 과학과 의학 그리고 철학을 포함하여 많은 학자가 바그다드가 함락되기 전까지 연구를 거듭하며 역사적인 업적을 남긴 이 기간을 '이슬람의 황금시대the golden age of Islam'라고 한다. 그러나 불행하게도 바그다드의 지혜의 전당은 1258년 몽골에 점령당하는데, 이때 티그리스강Tigris으로 버려진 책이 다리가 되어, 몽골 병사가

말을 타고 강을 건너는 동안 책에서 나온 잉크가 강물을 검게 물들였다고 한다. 심지어 책의 표지인 가죽으로 병사들의 신발을 만들었다고 한다.

이러한 학문의 장려는 이슬람의 전통으로 하디스에 기록된 내용에 따르면 "지식의 추구는 모든 무슬림들이 따라야 하는 의무이다."라고 예지자가 언급하였다고 한다. 이슬람의 교육은 일반적으로 개별적으로 행하는데, "지식을 위하여서라면 심지어 중국까지"라는 하디스의 기록과 같이 유명한 선생에게 배우기 위해 먼 거리도 마다하지 않았다고 한다. 초기에는 모스크가 기도와 동시에 배움의 장소로 사용되었지만 기도의 공간인 모스크는 오랜 시간 동안 머물면서 교육을 할 수 있는 장소가 아니기 때문에, 11세기 초반에 모스크 인근에 아랍어로 '배우고 학습하는 장소'를 의미하는 '마드라사*madrasa*'라는 교육 기관을 설립한 후 이슬람 세계로 확산되어 나갔다고 한다. 일반적으로 마드라사는 학생들을 위한 방과 교실 그리고 교수들을 위한 거주지로 나뉘어 있으며, 기도홀, 도서관, 세정시설 등을 갖추고 있다. 마드라사는 모스크에 붙어 있거나 인접하여 있으며, 규모가 큰 마드라사에 모스크가 부속되어 있기도 한다. 중동지방에 있는 전형적인 마드라사의 형태는 코트야드를 중심으로 1층 또는 2층으로 구성되어 있는데 입구는 이완으로 장식되어 있다(그림 42, 그림 44). 건물이 2층이면 학생들 방은 2층에 코트야드로 열려 있으며, 1층은 교실과 서비스 룸으로 구성되어 있다. 이러한 배치들은 지역과 공동체의 필요에 따라 형태와 규모를 달리하고 있으나 배움에 대한 열정은 다르지 않을 것이다.

코르도바 대모스크_중세 스페인 이슬람제국의 성소

전체를 석재로 건축한 뒤 벽돌 부분은 붉은색으로 마감한 알만조르의 증축

지오바니 가울리(Giovanni Battista Gaulli)에 의해
프레스코로 화려하게 장식된 제수교회(1584)의 돔과 펜덴티브 장식
'예수의 이름으로 승리'를 묘사하고 있다.

알함브라 '두 자매의 홀' 돔 하단을 형성하는 화려한 스퀸치 장식

8각형의 별과 꽃이 16개의 미니 돔을 구성하여 천상의 아름다움을 구현하는 '두 자매의 홀'의 돔과 무카르나스

코르도바 대모스크의 마크수라 돔과 미흐랍
이전 모스크에서는 볼 수 없는 독립된 실로 구성되어 있으며,
화려한 식물 문양의 모자이크로 장식되어 있다.

파달퀴비르강을 가로지르는 로마 다리와 코르도바 대모스크 전경

성모 마리아를 중심으로 도시를 바치는 콘스탄티누스 황제와 하기아 소피아 교회를 헌납하는 유스티니아누스 1세

기도하는 동안 통치자의 사적인 행위와 안전을 보호하는 코르도바 대모스크의 마크수라

바바라강과 주변 정착지를 묘사하고 있는 우마야드 대모스크의 모자이크 장식

천상의 말인 브라크와 함께 '밤의 여행' 도중
무함마드의 승천하는 장면

모스크에서 가장 오래된 기록을 적은
산 에스티반의 문이라고 불리는 고위직의 문

이슬람의 두 번째 성지인 예지자의 모스크와 무함마드의 묘지를 상징하는 녹색 돔

제3장

코르도바 대모스크

제 3 장

코르도바 대모스크

따스한 봄 햇살과 감미로운 꽃향기에 취해 강 건너 유혹의 손길을 보내는 건물들 속으로 한달음에 달려가고픈 충동을 억제하며 걸음을 옮기다 보면, 도시의 영화와 쇠락의 모든 기억을 흐르는 강물에 흘려보내고 기나긴 시간 동안 침묵 속에서 모든 이들을 받아주고 있는 다리 위에 잠시 멈추어 서서 감상에 젖게 된다. 기원전부터 로마제국은 코르도바*Córdoba*를 이베리아반도의 중심도시로 개발하였으며, 중세기간에는 이슬람 우마야드 왕조의 수도로서 서유럽 최고의 문명화된 도시였다. 그러나 지금은 지난 시간의 흔적만을 남긴 채 스페인의 중심도시가 아니라 안달루시아 지역의 주인 자리마저 세비야*Seville, Sevilla*에게 내어 주고 중소도시의 초라한 모습을 하고 있다.

비록 과거의 영화가 시간의 무게 속에 사라져 갔지만, 아직도 지나간 흔적과 많은 스토리를 담고 있는 매력적인 도시인 코르도바의 과거를 조금 더 들여다보면, 기원전 2세기경 로마에 의해 Corduba라는 지명을 얻으며 이베리아 반도에서 로마의 문화와 상업의 중심지로 발전하였다. 로마제국이 멸망하고 반달*Vandals*족의 침입 이후 6세기부터 서고트족으로

번역되는 게르만의 일족인 비지고스Visigoths 왕국의 중요한 도시의 역할
을 하였으며, 711년 이슬람에 의해 정복된 후 우마야드 칼리프 왕국은 코
르도바를 서유럽 최대 규모의 경제 및 문화의 도시로 발전시켰다. 또한
압드 알−라흐만Abd al-Rahman 에 의해 건축된 코르도바 대모스크는 도시
의 확장과 더불어 지속석으로 승축되어 무슬림들을 위한 종교의 중심지
가 되었다가, 13세기 재정복Reconquista 으로 알려진 기간에 대성당으로 바
뀌었으며, 화려한 이슬람 궁전Alcázar 들은 그리스도교 군주들의 성Alcázar
de los Reyes Cristianos 으로 재건축되어 아름다운 정원과 역사적인 모습들을
보여주고 있다(그림 45).

그림 45 코르도바 그리스도교 군주들의 성 Alcázar de los Reyes Cristianos

　　코르도바를 방문하기에 가장 좋은 계절은 개인의 선호도에 따라 다르
겠지만, 서유럽에서 가장 더운 도시이며 겨울은 영하의 기온이 거의 없어
온화하기는 하나 지중해 인근 지역에 비하여 다소 춥고 잦은 비를 경험할

수도 있어 봄과 가을이 가장 좋은 계절일 것이다. 더위를 잘 견딜 수 있다면, 5월 초 파티오 축제*Los Patios de Córdoba*와 5월 말 또는 6월 초 코르도바 축제*La Feria de Córdoba*를 통해 도시의 활기찬 분위기와 함께 하는 것도 좋은 경험일 것이다. 특히 파티오 축제는 코르도바에서 개최되는 가장 유명한 문화 행사로, 도시를 꽃과 식물들로 장식하여 자스민*jasmine*과 오렌지 꽃향기를 대표로 무수히 많은 꽃의 향기와 아름다운 색이 혼합되어 도시에 활력을 불어넣는다. 축제 기간 동안 코르도바 주민들은 자신들의 사적인 공간인 파티오*patio*를 화려한 꽃과 식물 같은 다채로운 색상으로 장식하여 외부인들에게 공개하고 아름다움을 감상하도록 하여 활기찬 분위기를 조성하고 있다. 모스크 인근의 꽃의 골목*Calleja de las Flores*이라 부르는 좁은 골목을 거닐면서 흰색으로 칠해진 벽과 대비되는 푸른색의 화분에 담긴 카네이션*carnation*과 제라늄*geranium* 같은 꽃의 향연을 보면 여름의

그림 46 코르도바 대모스크의 미나렛이 보이는 꽃의 골목*Calleja de las Flores*(Ajay Suresh, CC BY 2.0)

코르도바 대모스크_중세 스페인 이슬람제국의 성소

더위와 여행의 피로가 어디론가 사라지는 것 같다(그림 46). 그러나 이 모든 것은 과달퀴비르*Guadalquivir* 강을 건너 도심지에 들어선 이후에 가능하다.

코르도바 대모스크는 다양한 방향에서 접근할 수 있지만 지나간 날의 영화와 흔적을 즐기기에는 강 건너편에서부터 점진적으로 다가가는 것이 가장 좋은 방법일 것이다. 15세기 재건축된 요새와 같은 칼라호라탑*Calahorra tower*을 지나가면 도시 외곽을 굽이쳐 대서양까지 흘러가는 아랍어로 '큰 강*al-wādī l-kabīr*'이라는 의미의 과달퀴비르강을 만나게 된다. 스페인에서 유일하게 화물선이 운행되는 강으로 현재는 세빌*Seville*까지 운행되는데 로마시대에는 이곳까지 운행되었다고 한다. 유유히 흐르는 강을 연결하는 로마시대의 다리*Roman Bridge*는 20세기 중반까지 도시에 진입하는 유일한 다리였다. 로마에서 코르도바까지 육로로 최단 거리가 2,200km인데 기원전 1세기에 차량의 교행이 가능한 9m 폭의 교량을 설치하였다는 사실에 로마의 건축술과 문명의 진보에 놀라움을 금치 못한다(그림 47).

그림 47 과달퀴비르강을 가로지르는 로마 다리

멀리 보이는 도시의 건물과 주변 경치를 보면서 다리의 중간쯤에 다다르면 왼손에 물고기를 들고 있는 대천사 라파엘Archangel Raphael 의 조각상을 만나게 된다(그림 48). 물고기의 쓸개로 병을 고치게 하였다는 라파엘은 여행자와 환자를 포함하여 다양한 분야의 수호천사인데, 지팡이를 들고 있을 때는 여행자의 수호천사이며, 물고기를 들고 있을 때는 아픈 사람들을 위한 수호천사를 묘사하는 것이다. 코르도바에는 13세기와 16세기에 두 번 이상 나타났다고 한다. '첫 번째는 1274년 전염병이 퍼졌을 때 병원과 묘지를 건축하는 주교의 노력에 하나님이 기뻐하여 코르도바 사람들에게 자비를 베풀 것이라고 전하였다고 하며, 마지막은 1578년 로에라스 신부Father Roelas 앞에 나타나서 "나는 십자가에 못 박힌 예수 그리스도께 맹세하노라. 나는 라파엘이며, 하나님이 이 도시의 수호자로 임명한 자이니라."라고 말하며 도시와 시민을 보호할 것을 서약하였다'고 한다. 18세기에 다시 전염병이 돌았을 때 그의 보호를 일깨우며 도시 주변에 많은 라

그림 48 물고기를 들고 있는 대천사 라파엘(Bernabé Gómez del Río, 1651)과 코르도바 전경

코르도바 대모스크_중세 스페인 이슬람제국의 성소

파엘 기념탑Triumph of San Raphael을 세웠으며 '맹세의 서약'을 새겨 놓았다.

코르도바에서 가장 오래된 라파엘 천사의 조각상을 지나쳐 사각형 포켓의 다리 발코니에서 대서양으로 흘러 들어갈 강물의 흐름을 넋 놓고 바라보다가 고개를 강 건너편으로 돌리면, 플라잉 버트리스flying buttress로 건물을 지지하는 고딕 양식의 대성당이 눈앞에 다가온다. 유럽을 방문하면 항상 보아왔던 독립적으로 서 있는 단일의 건물이 아니라 건물들로 에워싸여 있는 특이한 모습을 하고 있으며, 대성당 뒤로 보이는 교회의 탑은 건물과 분리되어 있어 이곳이 이탈리아가 아니기 때문에 모스크의 미나렛minaret이라는 것을 알 수 있다.

다리를 건너면 마치 로마시대의 개선문과 같은 독특한 형태의 구조물이 방문객을 맞이하는데, 16세기 스페인 국왕인 필립 2세King Philip II의 방문을 기념하기 위하여 폐허화된 기존의 관문을 철거하고 르네상스 양식으로 건축한 '다리의 문Puerta del Puente'이다. 도시 관문의 출입구는 일반적으로 개선문과 같이 반원형 아치 형태로 하여 구조적인 안정감과 더불어 높은 공간감을 만들어 내도록 하는 데 반하여, 다리의 문은 평아치flat arch를 사용하여 건물의 규모에 비하여 다소 협소한 개구부를 형성하고 있으며, 하부에 있어야 할 반원형 아치를 출입구 상부에 설치하여 왕관을 쓰고 있는 모습을 하고 있다. 더욱이 조각으로 장식한 원형 팀파넘tympanum 가장자리에는 코니스cornice와 같은 프레임을 설치하지 않아 마치 미완성된 듯한 부조화스러운 모습을 하고 있다(그림49).

출입구를 통과하여 나서면 좌측으로는 전염병으로부터 도시를 보호하기 위한 맹세를 지키고 있는 라파엘 천사가 기념탑 위에 서 있으며, 정면으로는 5개의 연속된 반원형 아치들이 3층으로 구성되어 상부 2개 층은 발코니 형태의 철제 난간대가 설치되어 있는 특이한 형태의 건물 외벽

그림 49 다리의 문*Puerta del Puente* 과 라파엘 기념탑(좌측)

그림 50 코르도바 대모스크 남측 외벽(Jose Loarte, CC BY-SA 4.0)

을 만나게 된다(그림 50). 이러한 아치들로 구성된 성벽과 같은 건물 외벽을
돌아 옆으로 난 경사로를 따라 올라가면서, 육중한 벽기둥 사이의 훼손되
고 파손된 문들과 창을 바라보며 오랜 세월을 이겨낸 아픔을 회상하다보

코르도바 대모스크_중세 스페인 이슬람제국의 성소

면 어느덧 도시의 랜드마크인 종탑에 다다른다. 과거 무에진이 기도를 외치기 위하여 수없이 오르내렸을 미나렛의 상부는 종탑으로 변형되어 같은 신이지만 다르다고 생각하는 신도들을 불러 모으기 위한 기능을 하고 있다.

모스크로 신입하는 출입구는 여러 곳이 있으나 미나렛 옆으로 난 말굽형 아치 horseshoe arch 의 출입구를 통하여 건물 내부로 진입하면 오렌지 나무로 가득한 정원이 펼쳐지는데, 인공적인 요소들로 구성된 휑한 블루모스크와 대비되는 공간은 코트야드에 대한 정의를 다시 생각하게 만든다. 모스크가 건축되고 2세기가 지나서 코트야드 내에 조성되었다고 하는 정원은 거의 백 그루에 가까운 오렌지 나무들이 열을 맞추어 늘어서 있는데, 꽃향기의 감미로움과 과일의 시각적인 즐거움뿐 아니라 사계절 녹음의 공간을 만들어 '오렌지 나무의 코트야드 Patio de los Naranjos'라고 부른다. 이국적인 분위기를 연출하는 야자수들은 13세기에 조성되었으며, 18세기에 사이프러스 나무와 올리브 나무가 추가되었는데 올리브 나무는 교회의 기름램프에 사용할 목적으로 심었다고 한다. 코트야드 왼쪽에는 상당히 많은 양의 물을 담고 있는 유아용 수영장 크기의 세정을 위한 분수가 있는데, 포장된 바닥에 수로를 연결하여 나무에 물을 공급하고 40℃가 넘는 여름철 태양의 열기를 식혀주는 기능까지 하고 있다. 이슬람시대에 이 공간은 기도 전에 이루어지는 정화의 장소인 코트야드의 주 기능뿐만 아니라, 코르도바 시민들에게 휴식과 사회적인 모임의 장소였으며, "두려워하지 말고 슬퍼하지 말고, 약속된 동산에서 기뻐하라."라는 꾸란의 파라다이스를 재현하였을 것이다(그림 51).

코르도바의 강한 햇살을 피해 녹음이 우거진 이국적인 나무들을 바라보며 아케이드로 연결된 회랑을 따라 돌아가면, 우측에 있는 출입구를 통

그림 51 코르도바 대모스크 코트야드

하여 건물 내부에 들어서게 된다. 건물 외부에서 코트야드로 진입할 때 오렌지 나무와 같은 자연적인 요소의 반복적인 배치가 강한 인상을 만들어 내었듯이, 건물 내부 기도홀로 진입하면 다채색의 인공적인 아치들이 충격적으로 다가온다. 넓은 내부 공간을 가득 채운 아치와 기둥들의 단조로우면서도 강렬한 이미지는 잊혔던 흑백 사진의 기억을 되살려내며 눈앞에 펼쳐 보인다(그림 52).

지난 시간의 회상에 젖어 기둥의 숲속을 헤메다 마주하는 익숙하지 않는 형태와 장식들에 대한 경외감 이상으로 이렇게 많은 기둥 속에서 모스크의 주기능인 기도의 행위가 어떠한 방식으로 행하여졌는가에 대한 궁금증이 쌓여만 갔다. 이러한 의문도 잠시 눈앞엔 진행방향을 방해하며 로마네스크, 고딕, 르네상스, 심지어 바로크 양식이 혼재되어 '서양 건축양식 분류하기'라는 시험문제를 출제하기에 적합한 대성당 건물이 자리를 잡고 있다(그림 53).

반복되는 기둥의 패턴을 깨트리는 교회 건물의 출현으로 인한 놀라움

그림 52 코르도바 대모스크 기도홀(Nicolas Vollmer, CC BY 2.0)

그림 53 코르도바 대모스크 내부 대성당 크로싱crossing 천장

도 "아는 만큼 보인다."라는 격언은 어디에서나 적용되듯이 교회 내부의 동선을 따라 양식적인 요소들을 세분화하면서 시간을 보내다 보면 또 다시 기둥의 숲에서 헤메게 된다. "아는 만큼 보이고, 보이는 만큼 즐거움이

커진다."는 진리와 같이 코르도바의 역사와 코르도바 대모스크를 좀 더 깊게 헤쳐보고자 한다.

이슬람의 이베리아반도 점령과 압드 알-라흐만 1세

정통 칼리프시대를 종식하고 새로운 패권을 잡은 우마야드 칼리프 왕조Umayyard Caliphate는 왕권강화를 위하여 수도를 다마스쿠스Damascus로 옮긴 후 지속적인 영토 확충을 계속하였는데, 6대 우마야드 칼리프 알-왈리드 1세al-Walid I(705~715) 때는 이베리아반도마저 정복하여, 이슬람 제국이 탄생한 지 한 세기가 지나기도 전에 상상하기 힘들 정도의 가장 넓은 영토를 점령하였다(그림 54). 현재 스페인과 포르투갈이 위치한 이베리아반도의 정복은, 711년 북부 아프리카의 아랍계 무슬림과 베르베르Berbers 부족으로 구성된 이슬람 군대가 아프리카와 이베리아반도를 연결하는 지브롤터Gibraltar 해협에 도착하면서 시작되었다. '지브롤터 바위산The Rock of Gibraltar, Jabal Ṭāriq'에서 나온 지브롤터라는 지명은 이슬람 군대를 지휘한 타리크Tariq ibn Ziyad의 이름에서 나왔다. 당시 이베리아반도를 점령하고 있던 비지고스Visigoths 왕국은 내부 분열로 인하여 강력한 지도력을 가지지 못하였는데 구달레테 전투Battle of Guadalete에서 비지고스 왕 로더릭Roderic은 전사하고 이슬람 제국이 되었다. 이후 이 지역은 알 안달루스al-Andalus로 명칭이 변경되고 코르도바를 지역의 중심지로 하여 이슬람의 문명과 문화가 유입되면서 발전하게 되었다.

스페인 지중해 연안에 있는 알문네카르Almuñécar에 가면 지중해로 돌출된 바위 중턱에 머리에는 터빈을 두르고 한 손에는 칼을 다른 손으로

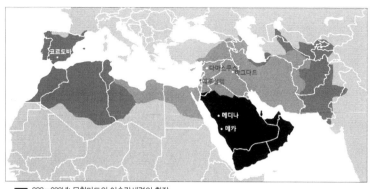

그림 54 이슬람세력의 확장

는 망토의 옷자락을 잡고 결연한 의지로 지중해를 내려다보는 동상을 마주할 수 있는데, 죽음의 문턱을 넘어서 고난과 역경을 견뎌 낸 뒤 40년 전 타리크*Tariq*가 건넜던 지브롤터 해협을 탈주자의 신분으로 건너 이곳에 도착한 압드 알−라흐만 1세*Abd al-Rahman I*이다(그림 55). 지중해의 해풍을 맞으며 푸른색으로 변색된 동상에서 표현되는 어벤져스*avengers*와 같은 위풍당당한 모습은 지난 시간의 고난을 지워버리고 새로운 땅에서 과거 속으로 사라져버릴 수 있는 왕조의 영화를 지속하고 미래를 개척하고자 하는 숙명을 표현하는 것 같다.

압드 알−라흐만을 표기할 때 종종 압드를 생략하는 경우가 있는데 '압드*Abd, Adbul, Abdur*'는 '종*servant*'이라는 의미이며 '알−라흐만*al-Rahman*'은 꾸란에서 하나님을 칭송하여 부르는 여러 이름 중 하나인 '가장 은혜로운 주님*the most gracious*'으로, 그의 이름은 '가장 은혜로운 주님의 종'이기 때문에 압드를 생략하면 안 된다. 그리고 '알*al*'은 영어의 정관사*the*와 같은 의미이며 알코올*alcohol*이나 대수학*algebra*과 같이 단어의 앞부분에 사용

그림 55 압드 알–라흐만 1세 동상(*Almuñécar, Spain*, NoelWalley, CC BY–SA 3.0)

되어 영어로 표기되면서 하나의 단어로 되었다.

압드 알–라흐만 1세는 731년 시리아 다마스쿠스 인근에서 우마야드 왕자인 부친과 북아프리카 민족인 베르베르*Berbers* 출신의 모친 사이에서 태어났다. 750년 우마야드 정권을 전복시키기 위한 혁명이 발생하고 새로운 아바시드 왕조*Abbasid Caliphate*를 이끌어 낸 알–사파흐*al-Saffah*의 관용 없는 피의 숙청으로 인하여 왕족 대부분이 살해되었을 때, 대학살로부터 도망쳐 가족과 함께 죽음의 피난을 시작하였다고 한다. 여기에는 여러 가지 설이 있는데, 아마도 직계가 아닌 서자의 신분으로 인하여 초기의 위험을 피할 수 있었을 것이다. 어느 시대나 국가와는 관계없이 왕조가 교체되면 기존 세력의 결집을 차단하고 반란의 불씨를 남겨 두지 않고 말살하듯이, 살아남은 왕족을 처단하기 위해 구성된 기마병들은 끝없는 추적을 시작하였다. 피난의 여정에서 신분이 발각되어 붙잡히기 직전 유프라테스*Euphrates* 강에 몸을 던져 목숨을 건졌지만, 동생은 결국 건너지 못하고 추격대에 의하여 처단되는 것을 강 건너편에서 지켜보면서 열아홉 살 젊은 나이에 느꼈을 죽음의 공포는 두려움으로 인한 포기보다는 새로운 삶을 개척하는 원동력이 되었을 것이다. 시나이반도*Sinai Peninsula* 를 거쳐 이집트에 들어선 뒤에도 위협을 느껴 북서 아프리카에 위치한 아랍어로 '서쪽'이라는 마그레브*Maghreb* 지역으로 들어가 모계인 베르베르 부족*Berbers* 사이에서 피난처를 찾았다. 점차적으로 동맹과 지지세력을 결집하고 군대를 모았으나 아바시드 칼리프 체제의 확립에 따른 정세의 불안함을 감지하고, 755년 지브롤터 해협을 건너 아랍어로 알-안달루스*al-Andalus* 라고 불리는 이베리아반도에 도착하였다. 당시 안달루스 지역은 유수프 알-피리*Yusuf ibn Abd al-Rahman al-Fihri* 가 지배하고 있었는데, 지방 총독들의 자주권 주장과 북쪽의 그리스도교 왕국으로부터의 습격, 그리고 남쪽에는 베르베르 부족과의 지속적인 갈등으로 그의 지위가 약화되고 권위에 대한 도전에 직면하고 있는 상황이었기 때문에, 우마야드 왕조의 정통성을 가진 압드 알-라흐만과 전략적인 동맹을 통하여 약화된 지위를 강화하고자 하였다. 그러나 압드 알-라흐만은 오히려 기존의 불만 세력을 결집하고 권력 다툼을 이용하여 자신의 지배를 확립한 뒤 군사를 동원하여 코르도바 과달퀴비르강 앞에서 전투를 벌였다. 운명이 걸린 전투를 앞두고 자신의 부대에 배너가 없는 것을 알고 녹색 터번*turban*을 풀어헤쳐 창끝에 매달아 전투를 승리로 이끌었는데, 터번과 창은 코르도바 왕국*Emirate of Cordoba* 의 상징이며 배너가 되었다. 756년 전투를 승리로 이끈 뒤 코르도바를 안달루스의 수도로 정하고 코르도바 왕국의 통치자가 되었다.

도피자의 신분에서 새롭게 정착한 지역의 지배자가 되어 권력을 강화하였음에도 불구하고 이슬람 제국을 지배하고 있는 아바시드 왕조에 대한 두려움은 사라지지 않았을 것이다. 코르도바에 정착한 지 채 10년도 되기 전인 763년 아바시드의 2대 칼리프인 알−만수르 *al-Mansur* 가 파견한 대규모 부대와 숙명적인 전투를 하게 되었다. 세빌 인근의 카르모나 *Carmona* 에서 수적 열세인 병력으로 2개월의 방어를 견뎌내다가 기습공격으로 대규모의 아바시드 군대에게 승리한 뒤 지휘자의 머리를 잘라 염장한 뒤 귀에 이름을 붙여 메카로 순례 중인 칼리프에게 전달하였다. 이를 본 알−만수르는 "우리 사이에 바다를 두신 하나님께 찬양을 올립시다."라고 말하며 그를 '쿠라이시 가문의 매 *Hawk of Quraysh* '라고 칭송하였다. 이로써 아바시드 왕조로부터 독립된 압드 알−라흐만은 안달루스의 지배자의 자리를 굳혔으며, 이후 우마야드 코르도바 칼리프 왕조의 기반을 마련하였다.

우마야드 왕국을 전복시킨 아바시드 왕조의 초대 칼리프 알−사파흐 *al-Saffah* 의 짧은 집권기간으로 인한 불완전한 정권을 정비하여 오랜 기간 존속하도록 하는 데 결정적인 역할을 한 알−만수르(승리자)가 자신의 신하들에게 '쿠라이시 가문의 매'라는 고귀한 칭호를 받을 만한 자는 누구인지 물었는데, 아부하는 신하들은 당연히 '경건하신 전하입니다.'라고 대답했지만 그는 고개를 저었다. 신하들은 다시 우마야드 칼리프 왕조의 창시자인 무아위야 *Mu'awiya* 를 말하였지만 이 또한 아니었으며, 우마야드 칼리프들 중 가장 유명한 압드 알 말리크 *Abd al-Malik ibn Marwan* 라고 답하였지만 이 또한 아니라고 한 뒤 의아해하는 그들에게 알−만수르는 다음과 같이 대답하였다고 한다.

"쿠라이시의 매는 압드 알−라흐만이다. 그는 교활함으로 창과 검의 칼날에서 벗어나 아시아와 아프리카의 사막을 혼자 도피한 뒤, 군대 없이 자신의 운명을 찾으려는 대담함으로 바다 너머의 미지의 땅에서 자신의 운을 시험하였다. 그는 자신의 지혜와 인내력 외에는 의지할 것이 없었지만, 적들을 굴복시키고 반란자들을 섬멸하여 도시를 조직하고 군대를 동원하였으며, 그리스도교도에 대한 국경을 확보하여 위대한 제국을 세우고, 이미 다른 사람들에게 나누어진 영토를 자신의 왕권 아래로 재통일하였다. 이전에 그런 행위를 한 사람은 없었다. 무아위야는 우마르 Umar 와 우스만Uthman 의 지원으로 자신의 지위를 높일 수 있었으며, 5대 우마야드 칼리프인 압드 알-말릭Abd al-Malik 은 권력을 승계하여 친지들과의 투쟁과 그의 동지들의 결속으로 업적을 이루었다. 그러나 압드 알-라흐만은 자신의 판단 외에 어느 누구의 지원 없이 혼자서 이룩하였다."

이보다 더 압드 알-라흐만의 업적을 잘 표현하고 칭송하는 글은 없을 것이다.

압드 알-라흐만 1세의 모스크건축

압드 알-라흐만 1세가 이베리아반도에 코르도바 왕국을 세운 지 거의 30년이 지난 785년 현재 모스크 부지에 있는 산 비센테San Vicente 교회를 매입하여 새로운 모스크를 완공하였다고 한다. 전례에 의하면 711년 무슬림이 코르도바를 점령하였을 때 가장 큰 교회인 산 비센테 교회의 반을 매입하여 모스크로 사용하고, 나머지 반은 교회 신도들이 사용하였다고 한다. 그러나 코르도바가 이슬람 왕국의 중심지가 되고 도시인구와 무슬림이 증가함에 따라 교회의 나머지 부분도 매입하고 도시 외곽에 교회를 건축하도록 하였다고 하는데, "한 손에는 코란을, 한 손에는 칼"에 익숙해 있는 사람들은 당시의 상황이 다소 혼돈스럽게 느껴질 것이다.

　당시 안달루스에 거주하는 그리스도교인을 '모사라베*mozárabes*'라고 불렀는데, 이들은 이슬람 사회에서 자신들의 종교, 사회, 경제적인 자유를 가지고 공동체를 유지할 수 있으나 '지즈야*jizya*'라는 세금을 내야 하였다. 지즈야는 이슬람 지배하에 거주하는 비이슬람 신자에게 부과되는 세금으로 건강한 성인 남성에게만 부과되며, 어린이와 여성 그리고 노약자들, 심지어 임시로 거주하고 있는 무슬림이 아닌 외국인들에게는 부가하지 않았다. 세율과 징수 방법은 시기와 지역에 따라 다양하였으나 일반적으로 개인의 재정 능력을 기준으로 계산되었으며, 지불할 능력이 없는 사람은 병역의 의무를 하여야 했다. 이슬람 제국이 탄생한 지 백 년도 되지 않은 기간에 북아프리카를 가로질러 이베리아반도까지 점령하면서 종교적인 세력을 넓힐 수 있었던 배경에는 지즈야와 같은 시스템을 이용하여 재정을 확보하고 병역의 의무를 가진 건강한 무슬림 남성을 최대한 확보하여 군대를 강화할 수 있었기 때문일 것이다. 11세기 이전까지 모사라베는 능력에 따라 합당한 대우를 받으며 공존하였으나, 북부 그리스도교 국가의 침입에 따른 관대함이 상실되면서 거주자의 수가 지속적으로 감소하였다.

　모사라베로부터 매입한 산 비센테*San Vicente* 교회를 철거한 부지 위에 건축한 초기의 모스크는 담장으로 둘러싸인 코트야드*courtyard*를 통하여 실내의 기도홀*prayer hall*로 연결되는 전형적인 모스크의 구성을 하고 있다. 코트야드의 동쪽 담장이 서쪽보다 조금 큰 것으로 추정되지만, 거의 정사각형에 가까운 배치로 건물의 외벽 길이가 가로 세로 79m이며, 코트야드와 기도홀이 정확하게 반으로 나뉘어 있다. 기도홀 내부는 폭 74m에

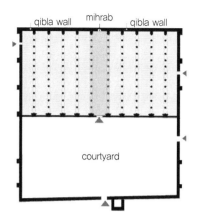

그림 56 압드 알−라흐만 1세의 초기 모스크 평면

안 깊이 37m이며, 11개의 기둥으로 구성된 아케이드가 11개의 아일aisle 로 분할되어 있다. 주 출입구와 연결된 미흐랍mihrab이 위치한 중앙 아일 은 다른 것보다 약간 넓고(약 7.9m) 높은 붉은 기둥으로 구분되고, 나머지 부분은 동일한 간격(6.94m)으로 배치되었으나, 기둥과 벽체로 구성된 마지 막 아일은 5.45m이다. 세로 방향으로는 11개의 기둥이 12개의 베이bay 로 구성되었는데 기둥의 간격은 3.1m이다(그림 56).

코르도바 대모스크는 압드 알−라흐만이 어린 시절 기도를 하면서 보 냈던 다마스쿠스에 있는 우마야드 대모스크The Umayyad Mosque(705~714)를 참조하여 건축하였다고 알려져 있는데, 세례요한John the Baptist의 머리 가 안치된 교회를 매입한 장소에 모스크를 건축한 것과 코트야드를 통하 여 기도홀에 들어가면 수평으로 많은 기둥이 배치되어 있는 것을 예로 들 고 있다. 그러나 수평의 기둥배열은 예지자 모스크부터 사용한 모스크의 기본 배치방식이며 현재 튀니지아Tunisia에 있는 카이루안 대모스크Great Mosque of Kairouan(670~)도 이와 유사한 형태를 하고 있다.

무슬림들이 최후의 심판의 날에 예수님이 재림하는 장소로 믿고 있는 우마야드 대모스크를 좀 더 살펴보면, 전체 규모는 가로 157m 세로 100m 의 직사각형이며, 3면에 출입구가 있는 코트야드가 부지의 반을 차지하고 있는 초기 모스크의 배치방식을 따르고 있다. 기도홀 내부는 3열의 수평 아일aisle 로 구성되어 있으며, 중앙에는 네이브nave 와 같이 넓은 공간을 두어 키블라 벽체 중심의 미흐랍mihrab 으로 향하도록 하였다. 3열의 수평아일은 초기 그리스도교회의 배치방식과 유사한데 로마시대 바실리카basilica 의 구성방식을 적용한 것같이 보인다. 특히 주 진입부에서 미흐랍으로 향하는 20m의 폭넓은 진입공간은 고딕 대성당의 네이브보다 훨씬 넓어 하기아 소피아 교회와 같은 비잔틴 양식을 참조한 것같이 보이는데, 교회의 트랜셉트transept 같이 수직과 수평의 교차공간인 크로싱crossing 에는 돔을 두어 내부의 공간감과 채광을 유입하고 있다. 특히 키블라qibla 벽체에는 중앙의 미흐랍 외에 왼쪽 중앙과 오른쪽 면에 2개의 미흐랍을 추가로 설치하여 총 4개의 미흐랍을 둔 독특한 구성을 하고 있는데, 157m의 넓은 폭을 고려하여 설치한 것 같다(그림 57). 현재 3개의 미나렛minaret 이 있으나 초기에는 미나렛이 없이 담벼락 위에 무에진muezzin 을 위한 장소를 만들었다고 하는데, 코르도바 대모스크 또한 초기에는 미나렛 없이 건축되었다.

두 건물 모두 초기 모스크 양식에 따라 건물을 배치하고 구성하였으나, 기도홀 내부에서 다소 차이를 보이고 있는데, 우마야드 대모스크의 내부는 가로 폭이 넓은 3:1(157m:50m)로 구성되어 있는 반면, 코르도바 대모스크는 2:1(74m:37m)로 안깊이가 더 깊다. 물론 코르도바 대모스크 또한 수직 방향보다 수평 방향이 넓어 이슬람 기도방식에 적합한 공간구성 방식을 따르고 있으나, 각각의 아일은 11개의 기둥으로 배열되어 있어 3열

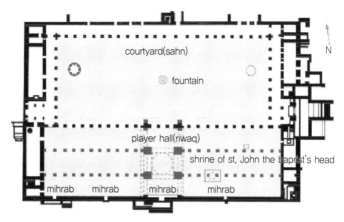

그림 57 다마스쿠스 우마야드 대모스크 평면(Bara'a Zama'reh, CC BY-SA 4.0)

의 수평 아일과 같은 수의 베이bay를 가진 우마야드 대모스크와 달리 수
직성 또한 강조된다. 기존 배치 방식과 다른 코르도바 대모스크의 구성
방식은 두 가지 관점에서 추론할 수 있는데, 수평 방향으로 건물을 확장
하기에는 부지가 제한적인 것과 그리스도교인 모사라베Mozarabs들의 예
배공간으로도 모스크를 사용하기 위하여서이다. 모스크가 배치된 부지
의 강변 방향은 경사지이므로 남쪽 방향으로 확장하는 데는 다소 어려움
이 있는데, 외부 담벼락에서 볼 수 있는 육중한 벽 버팀기둥wall buttress은
토압에 의한 횡력을 지지하기 위하여 설치되어 있다. 따라서 부지를 매
입하는 데 어려움이 없었으면 수직보다는 수평 방향의 확장이 합리적이
며, 988년 알만조르Almanzor에 의하여 수평 방향의 증축을 감안할 때 부지
의 문제는 아니었을 것이다. 전하는 바와 같이 만일 현재 부지에 있었던
산 비센테San Vicente 교회에서 기도와 예배의 공간을 공유하였으면, 새
로운 모스크에서의 공동사용이 제한될 이유가 없을 것이다. 이는 건물이
증축되면서 수직 방향으로 확장된 것을 통하여 알 수 있는데, 압드 알-

라흐만 2세*Abd al-Rahman II* 때 건물의 비율이 1:1로 변경되고 알-하캄 2
세*al-Hakam II* 때는 초기와는 반대로 1:2로 변경되었다. 증축 방향과는 관
계없이 건물이 확장되면서 만들어진 많은 수의 기둥들은 다주식 모스크
hypostyle mosque type 의 대표적인 건물이 되었으며, 일반적인 교회와는 완
전히 다른 효과를 보여주는데, 앞뒤뿐만 아니라 측면으로 움직이고 무수
한 기둥 사이를 통하여 자유롭게 유동하도록 하고 있다.

　단조롭게 구성된 코르도바 대모스크를 기념비적인 건물로 만든 독특
한 특성들 중 대표적인 것은 이단 아케이드 시스템*double arcade system* 과
이를 구성하고 있는 말굽형 아치*horseshoe arch* 와 다채색의 부스와*voussoir*
이다. 아치*arch* 나 볼트*vault* 구조물에서 가장 많이 사용되는 단어 중 하나
가 프랑스어 '부스와'인데 중세 석공들의 전문용어가 일반화된 것이다. '무
지개 돌'을 의미하는 홍예석虹蜺石 으로 번역되는 부스와는 아치 전체의 단
일 부재가 아니라 아치를 구성하는 각각의 부재들을 지칭하는 용어이기
때문에, 아치와 같이 외래어 자체를 사용하는 것이 의미전달에 적합할 것
이다. 이러한 부스와 중 최상부에 놓이는 것을 '키스톤*keystone* '이라고 부
르며, 아치가 시작하는 가장 낮은 부분의 부스와를 '스프링어*springer* '라고
한다. 아치에 대한 기본 용어와 이해는 코르도바 대모스크의 이단 아케이
드 시스템뿐만 아니라, 아치와 볼트시스템으로 주로 구성되어 있는 기념
비적인 서양건축물을 이해하는 데 도움이 될 것이다(그림 58).

　이단 아케이드 시스템에 사용된 구성요소들은 우마야드 건축의 전통과
는 관계없이 지역건축을 참조하여 발전한 것으로 생각되는데, 로마시대 코
린트 양식*corinthian order* 을 재사용한 기둥 상부에 있는 이단의 아치는 스페
인 메리다*Acueducto de los Milagros, Mérida* 에 있는 로마시대 수로 구조물의
아치를 참조한 것으로 여겨진다(그림 59).

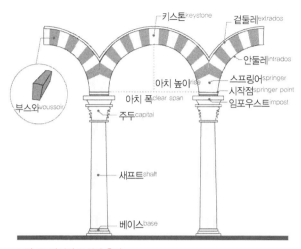

그림 58 아치의 구성과 용어

이단 아치 중 하단에 있는 아치와 건물 출입구의 아치들은 반원형이 아닌 말굽형 아치 horseshoe arch 인데, 이러한 형태는 스페인을 점령하였던 비지고스 Visigoths 의 토착적인 요소로 661년경에 건축되었다고 추정되는 스

그림 59 스페인 메리다 수로교 *Acueducto de los Milagros, Mérida*(Doalex, CC BY-SA 3.0)

그림 60 말굽형 아치(*San Juan Bautista de Baños de Cerrato, Spain*, MaGaO, CC BY 3.0)

페인 북부 팔렌시아주*Palencia* 에 위치한 세례요한 교회*San Juan Bautista de Baños de Cerrato* 의 것과 유사한 형태라고 주장하고 있다(그림 60). 그러나 말굽형 아치의 기원에 대하여서는 논란이 많은데 3세기 페르시아 사산 왕조 *Sasanian* 건축물과 후기 로마와 비잔틴 건축뿐만 아니라 스페인의 로마제국 양식에서도 발견할 수 있다. 사실 코르도바와 멀지 않은 아프리카 북부 튀니지아에서 670년에 착공된 카이루안 대모스크 건물이 말굽형 아치를 이슬람 건축에 처음 사용한 건물이라고 주장하고 있으며, 새로운 모스크의 형태와 양식을 결정하는 데 지역건축가 이상으로 최근의 모스크 건축 경험과 기술을 가진 건축가들의 영향이 더 중요하였을 것이다.

　이단 아치의 부스와는 붉은 벽돌과 흰색 석재를 반복적으로 사용하여 단조로운 모스크를 화려하게 변화시키고 있는데, 이러한 색상의 반복적인 사용은 예루살렘에 있는 이슬람 성지인 바위의 돔the Dome of the Rock(688~692)과 코르도바 대모스크와 거의 동시대에 건축된 아헨 대성당

그림 61 팔라틴 채플Palatine Chape, Aachen Cathedral 흑백 패턴 아치(Velvet, CC BY 3.0)

Aachen Cathedral 의 팔라틴 채플Palatine Chapel 의 영향을 받았다고 주장하고 있다. 그러나 692년 완공된 바위의 돔은 1015년에 붕괴되어 건물 내부 대부분을 재건축하면서 추가된 것이며, 샤를마뉴Charlemagne 시대에 건축된 아헨 대성당의 팔라틴 채플은 796년경에 건축을 시작하였다(그림 61). 따라서 코르도바 대모스크의 아치에 사용된 패턴은 석재와 벽돌재료의 반복적인 사용에 따른 흰색과 붉은 색상의 대조이므로, 이단 아치와 같이 지역 건축양식인 메리다의 수로구조물의 석재와 붉은 벽돌의 반복패턴 방식을 적용한 것으로 보인다.

압드 알–라흐만이 모스크를 건축할 당시 패망한 왕조의 탈주자의 신분에서 새로운 왕조*Abbasid Caliphate* 의 일원으로 코르도바 왕국*Emirate of Cordoba* 의 통치자의 지위를 가지고 있었기 때문에, 왕국의 수도에 적합한 모스크를 건축하고자 하였을 때 지역의 건축가보다는 우마야드 왕조의 중심지인 시리아와 북아프리카에서 온 능력 있는 건축가들이 중심이 되었을 것이다. 특히 짧은 기간 점령하였던 게르만 민족의 일원인 비지고스의 건축양식을 참조하기보다는 로마다리와 수로교와 같은 기념비적인 건축물들과 자신들의 전통적인 양식을 참조하여 건축하였을 것이다. 예를 들면 이단 아치의 경우 수로교와 같은 지역적인 영향도 있지만, 로마시대 코린트 양식의 기둥을 재사용한 우마야드 대모스크의 거대한 아케이드 위에 놓여 있는 일련의 조그만 아치들이 상부의 목재지붕을 지지하는 형태의 구성을 접목하였다고도 볼 수 있다(그림62). 따라서 압드 알-라흐만 1세는 기존의 모스크 건축 전통을 바탕으로 점령한 지역의 건축요소를 최대한 사용하여 문화적인 이질감을 최소화하면서, 이국의 땅에서 찬탈당

그림 62 우마야드 대모스크 내부 2단 아케이드와 세례요한John the Baptist 의 머리를 모신 성소(Lars Mongs, Arxfoto, CC BY-SA 4.0)

한 우마야드 왕권의 생존과 지속성을 위한 건축물을 만들어 낸 것으로 보인다.

압드 알-라흐만 2세의 기도공간의 확장

지중해의 아름다운 해안과 바로크의 화려함으로 가득한 스페인 동남부에 있는 아랍어로 부두라는 의미의 무르시아 Murcia 도시를 방문하면, 이 도시를 설립한 코르도바 왕국의 네 번째 왕인 압드 알-라흐만 2세 Abd al-Rahman II(822~852)의 동상을 만날 수 있다. 바이킹의 침입을 막아내고 심지어 아바시드 왕조에 대항하는 협정을 비잔틴 제국과 맺으면서 코르도바 왕국의 지속적인 성장을 이끌어낸 압드 알-라흐만 2세는 도시의 발전과 더불어 증가하는 신도들을 수용하기 위하여 836년 추가적인 모스크를 건설하기보다는 기존 건물의 기도공간을 확충하고자 결정하였다. 기존 형태와 양식의 변경 없이 남쪽 방향으로 건물을 확장하였는데, 기존의 키블라 벽체를 제거하고 8개의 기둥 열을 추가하였다. 따라서 코트야드 courtyard와 건물의 폭(74m)은 변함없지만, 기도홀의 깊이는 37m에서 61m로 확장되었다. 우마야드 왕조 모스크 구성을 따라 수평으로 배치된 내부 공간은 증축으로 인하여 정사각형에 가까운 공간으로 변형되면서 키블라를 향한 동선이 길어지고, 코트야드를 포함한 전체 배치는 √2에 근접한 직사각형으로 변환되었다(그림 63).

선조의 이름을 그대로 사용한 압드 알-라흐만 2세는 건물을 증축함에도 불구하고 건물에 사용한 기존 형태와 양식의 변경 없이 존경심의 표현으로 연속성을 유지하고자 한 것으로 보인다. 확장된 공간에 들어서면 기

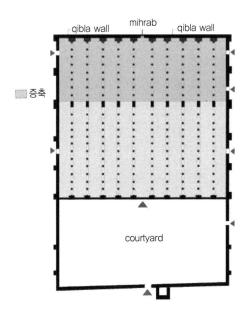

qibla wall　　mihrab　　qibla wall

증축

courtyard

그림 63 압드 알−라흐만 2세의 모스크 증축

존 기둥과 같은 모양의 기둥을 설치하여 거의 구분하기 힘드나 몇몇 기둥
의 주두capital 는 새롭게 제작되어 전문가의 눈에서만 구별 가능하며, 확
장된 부분의 바닥과 기존 바닥 간의 몇 센티미터 차이는 주의 깊게 살펴
보지 않으면 알아차릴 수 없다. 이는 교회 건축의 증축방식과는 확연히
다른데, 11세기 이후 서유럽의 도시들이 발전하면서 9세기의 코르도바와
같이 더 큰 규모의 교회가 필요하게 되었다. 기존의 교회를 확장하는 방
식에는 성물을 보기 위하여 방문하는 순례객들을 위하여 동쪽 성소 부분
을 확장하든가, 증가하는 신도들을 수용하기 위하여 네이브nave 를 증축
하는 방법 등이 있으나, 대부분의 도시에서는 기존 교회 부지에 당시에
유행하는 건축양식을 적용하여 더 큰 규모의 건물을 신축하는 것이다. 이
러한 신축은 모스크와 같이 코트야드와 기도홀의 구성만으로 끝나는 것

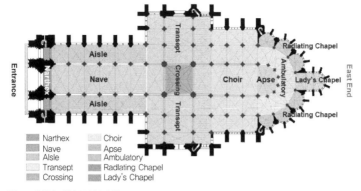

그림 64 대성당 내부 구성요소들(Amiens Cathedral floor plan, France)

이 아니라, 교회를 바칠 성인을 선정하고 이에 따른 성유물을 안치시킬 앱스apse와 예배의식을 진행하기 위한 쾨이어choir 부분을 건축한 뒤 트랜셉트transept와 네이브nave 부분으로 순차적으로 건축해나간다(그림 64).

예를 들면 고딕 교회 중 가장 높은 쾨이어(48.5m)를 가진 보베 대성당 *Beauvais* Cathedral(France, 1272)은 건물의 붕괴와 재정적인 문제 때문에 쾨이어와 트랜셉트만 준공된 후 나머지 부분은 완공하지 못한 채 대성당의 기능을 이어가고 있으며(그림 65), 프랑스 남부에서 가장 높은 고딕성당을 건축하고자 한 나르본 대성당*Narbonne* Cathedral 또한 보베 대성당과 같은 운명을 겪으며 쾨이어 부분만 완공된 뒤 트랜셉트의 교차 부분의 피어들은 미완성의 상태로 남겨진 채, 고딕 양식의 구조를 연구하고자 하는 학자들에게 도움을 주고 있다(그림 66). 이와 같이 쾨이어 부분이 완공되고 난 뒤 건물의 안정성이 확보되고 도시의 재정이 건전하면 트랜셉트에서 네이브 그리고 서쪽 파사드 방향으로 순차적으로 건축된다. 건물의 규모와 경제적인 능력에 따라 다르지만 일반적으로 도시에 있는 대성당의 경우 건물이 완공되는 데 많은 기간이 소요되기 때문에 건축 시점에 따라 건물 내

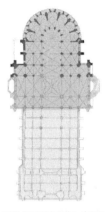

그림 65 보베 대성당^{Beauvais Cathedral} 동쪽 입면과 미완성의 내부 평면

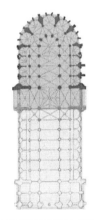

그림 66 나르본 대성당^{Narbonne Cathedral}의 콰이어 부분과 평면(좌: Benh LIEU SONG, CC BY-SA 3.0)

부에 적용한 건축양식이 일정하지 않아 일반인들도 조금만 주의를 기울여 보면 쉽게 인지할 수 있다.

특히 영국의 대성당들은 필요에 따라 건물을 점진적으로 확장하였으며, 증축한 시점에 따라 그 당시 유행하던 양식을 적용하였기 때문에 이러한 건물을 방문하면 시대적인 양식의 변화를 보는 즐거움이 있다. 캔터베리 대성당Canterbury Cathedral 의 경우 11세기 초반에 기존 교회 위에 새롭게 건축하였으나, 켄 폴릿Ken Follett 의 유명한 소설 『대지의 기둥들The Pillars of the Earth』에도 등장하는 토머스 베켓Thomas Becket 대주교가 성당에서 살해당한 뒤 성인으로 추대되어 성인의 성소를 순례하기 위해 방문하는 많은 이를 수용하기 위하여 동쪽 콰이어 부분을 확장하였으며, 기존의 네이브와 트랜셉트는 14세기 초반에 파손되어 당시에 유행하던 후기 고딕 양식perpendicular style으로 건축되어 있다(그림 67). 또한, 거의 비슷한 시기에 재건축된 영국의 엘리 대성당Ely cathedral은 13세기 초반에 동쪽 부분으로 6개 베이를 추가하였는데, 벽의 두께와 기둥 간격은 기존 것과 동일하게 건축하였으나 당시에 유행하는 양식으로 화려하게 장식하여 변화

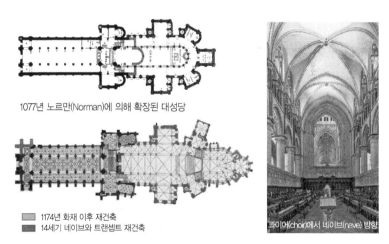

1077년 노르만(Norman)에 의해 확장된 대성당

1174년 화재 이후 재건축
14세기 네이브와 트랜셉트 재건축

콰이어(choir)에서 네이브(nave) 방향

그림 67 캔터베리 대성당Canterbury Cathedral 의 동쪽 콰이어의 확장과 네이브의 재건축(우: DAVID ILIFF, CC BY-SA 3.0)

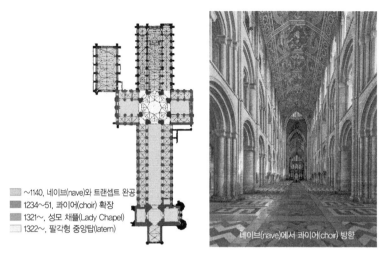

그림 68 엘리 대성당Ely cathedral 의 동쪽 콰이어 부분의 점진적인 확장(우: DAVID ILIFF, CC BY-SA 3.0)

된 부분을 쉽게 알아 볼 수 있다(그림 68).

　대성당과는 달리 코르도바 대모스크는 50년의 기간이 지나고 새로운 건축재료를 사용하여 증축하였음에도 불구하고 양식적인 변화 없이 기존의 형태를 그대로 유지한 것은 모스크의 기능적인 특성도 있지만 선조의 계획에 대한 최대한의 공경을 표현한 것으로 볼 수 있다. 이러한 공경심은 증축된 공간을 구성하고 있는 기둥에서 찾을 수 있는데, 동일한 크기의 기둥을 새롭게 제작한 것이 아니라 선조의 방식대로 '스폴리아spolia 양식'이라고 불리는 이전 시대에 사용되던 동일한 형태의 기둥을 구입하여 사용하였다는 것이다. 물론 분실된 기둥의 주두들은 새롭게 제작하여 압드 알-라흐만 2세를 칭송하는 글을 새겨 넣기도 하였지만, 기존 주두의 모양이 다양하여 이와 비슷한 코린트 양식으로 만들어 통일성을 최대한 유지하였다. 이 모든 노력에도 불구하고 압드 알-라흐만 2세는 건물이 완공되는 것을 보지 못하였으며, 왕권을 승계한 무함마드Muhammad 는 855년경

코르도바 대모스크_중세 스페인 이슬람제국의 성소

그림 69 산 에스티반의 문*Puerta de San Esteban* 이라고 불리는 고
위직의 문*(Bab al-Wuzara*, 855)(kallerna, CC BY-SA 4.0)

에 왕족을 위한 기도공간인 마크수라*maqsurah* 를 설치하고 서쪽 방면의 출
입문을 화려하게 장식하였다. 현재 산 에스티반의 문*Puerta de San Esteban*:
Saint Stephen 이라고 불리는 이 문의 원래 명칭은 고위직의 문*Bab al-Wuzara*
으로 초기 모스크 때부터 서쪽 도로에서 기도홀로 진입하기 위하여 사용
하였던 문이며 재건축하였다(그림 69).

출입구 상부 말굽형 아치는 흰색의 석재와 붉은 벽돌로 구성된 내부의
아치와 같은 패턴을 유지하고 있으나 석재 부분은 식물 문양으로 화려하
게 장식하였으며, 아치 상부는 사각형의 테두리 몰딩으로 장식하여 용기

라는 의미의 '알피즈*alfiz*'라고 부르는 양식을 만들어 내었다. 건물 외부에 설치된 많은 문들 중에 이 문이 역사적인 가치가 가장 높은데, 말굽형 아치의 막힌 부분에 있었을 팀파넘 *tympanum* 테두리 몰딩에는 쿠픽 *kupic* 체로 하나님을 찬미하고 당시의 왕과 건축된 연도를 적은 캘리그래피로 장식하였다. 이것은 건물에서 가장 오래된 기록을 적어 놓은 것이다.

압드 알-라흐만 3세의 미나렛과 코트야드 확장

아바시드 칼리프 왕국*Abbasid Caliphate*이 약화한 틈을 타, 909년 4대 정통 칼리프 알리*Ali*의 부인이자 예지자 무함마드의 딸인 파티마*Fatima*의 후손이라고 주장하며, 북아프리카를 거점으로 한 파티미드 칼리프 왕국*Fatimid Caliphate*은 지속적으로 코르도바 왕국*Emirate of Cordoba*의 영토를 공격하였다. 929년 압드 알-라흐만 3세*Abd al-Rahman III*(912~961)는 파티미드의 공격을 성공적으로 막아내고 북쪽으로는 그리스도 왕국과 정치적인 협상을 통하여 정세를 안정시킨 뒤 우마야드 칼리프 왕국*Umayyad Caliphate*의 정통성과 연속성을 주장하며 군주국*emirate*에서 코르도바 칼리프 왕국*Cordoba Caliphate*을 표방하였다. 군사 및 정치적인 안정을 통하여 교역을 확충하고 압드 알-라흐만 2세의 시대와는 비교할 수 없을 정도의 경제성장과 재정이 확보되었는데, 당시 기록에 의하면 3,000개의 모스크와 100,000개의 상점과 주택이 코르도바 제국에 있었다고 한다. 이러한 재정 수익은 다양하게 사용되었는데, 그중 하나가 규모에 비해 다소 부족한 크기의 코트야드의 확장과 모스크를 상징할 수 있는 미나렛*minaret*을 건설한 것이다(그림 70).

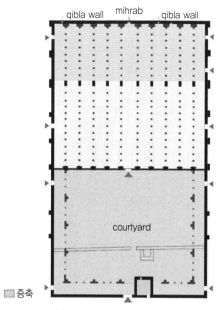

그림 70 압드 알–라흐만 3세의 미나렛과 코트야드 확장

초기 코르도바 대모스크에서는 다마스쿠스에 있는 우마야드 대모스크에서와 같이 담벼락 위에 단을 높인 구조물이 코트야드로 진입하는 북쪽 입구 우측에 설치되어 기도를 알리는 미나렛의 역할을 하였는데, 압드 알–라흐만 3세는 칼리프*caliph* 의 권위와 새로운 왕국을 상징할 수 있는 기념비적인 규모의 미나렛을 건축하고자 하였다. 따라서 기존의 경사진 벽체는 제거하고 코트야드를 확장하였는데, 초기 모스크와 같이 내부와 외부가 2분할되었으며 새롭게 세워지는 벽체의 중앙 출입구 우측에 상징적인 미나렛을 958년에 완공하였다. 2개의 독립적인 내부 계단이 있는 미나렛은 높이가 100큐비트(1cubit = 49.5cm)에 달하였다고 하는데, 현재 교회 종탑으로 변형되어 모형으로밖에 볼 수 없어 정확한 높이를 알 수 없지만 45m 이상의 높이로 추정하고 있다. 몇몇 학자들은 모스크를 상징하

는 탑으로 된 진정한 미나렛을 만들어낸 최초의 구조물이라고 주장하고 있으나, 836년에 세워진 것으로 추정하는 카이루안 모스크Great Mosque of Kairouan 의 미나렛이 현존하는 가장 오래된 탑으로 된 미나렛으로 여겨진다(그림 71).

거대한 규모로 증축된 미나렛은 당시 로마네스크 양식의 서쪽 종탑 westwork 에서 구현한 상징적인 의미를 참조한 것으로 보인다. 부가 있는 곳에 문화와 예술이 꽃을 피었듯이 당시 유럽 최고의 경제도시인 코르도바에 교회의 상징적인 탑과 같은 미나렛을 건축하고자 하였을 때 종교적인 열정과는 관계없이 경험 많은 우수한 석공master mason 과 이와 관련된 많은 예술가들이 참여하였을 것이다. 영국의 캔터베리 대성당Canterbury Cathedral 을 건축할 때 초기 고딕건축의 대표적인 건물 중 하나인 프랑스

그림 71 코르도바 미나렛 모형(좌), 현존하는 가장 오래된 카이루안 모스크 미나렛(우)(좌: R Prazeres, CC BY-SA 4.0, 우: CC BY-SA 2.0)

코르도바 대모스크_중세 스페인 이슬람제국의 성소

상스 대성당Sens Cathedral 을 건축한 '상스의 윌리엄Guillaume de Sens '이 참여하였으며, 밀란 대성당Millan Cathedral 을 건축할 때 당시 유럽의 최신 양식을 도입하기 위하여 프랑스의 건축가에게 의뢰한 것을 통하여 알 수 있다.

모스크를 상징하는 미나렛의 건설과 더불어 코트야드의 확장은 휴식을 위한 외부 공간을 확충하고 부족한 기도 공간으로 활용하였으며, 확장된 코트야드의 북측 벽은 새롭게 건축하여 외부에서 진입할 때 진정한 파사드를 형성하게 되었다. 또한, 아케이드arcade, riwaq 로 연결된 회랑cloister 은 16세기에 재건축되어 정확한 건축기간을 알 수 없지만 코트야드를 확장할 때 동시에 건축하였으며, 건물 내·외부를 연결하는 전이공간의 역할을 하였을 것이다.

알-하캄 2세의 기도공간의 확장과 새로운 양식

유럽 최고의 경제력을 가진 도시로 만든 압드 알-라흐만 3세로부터 칼리프의 지위를 이어받은 알-하캄 2세al-Hakam II(961~976)는 주변 정세의 안정과 경제적인 발전을 바탕으로 과학과 문학에 관심을 가지며 수십만 권 이상의 책을 소장한 개인 도서관과 안달루스al-Andalus 의 역사에 관한 책을 저술하기도 하였다. 그러나 무엇보다도 부친 때부터 시작한 '빛나는 도시'라는 의미의 '메디나 아자하라Medina Azahara '라 불리는 궁전도시의 완공과 코르도바 대모스크의 확장을 시작하였다. 코르도바 서쪽 지역에 성벽으로 만들어진 '메디나 아자하라'는 아바시드와 파티미드 칼리프 왕국에 대한 코르도바 칼리프 왕국의 우위를 주장하고 자신의 권력을 상징할 수 있는 새로운 도시를 만들기 위하여 936년 압드 알-라흐만 3세에 의해 시작된 궁전도시로, 알-하캄 2세 이후 칼리프 왕권이 약화된 뒤 내전으로 인하여 파괴되어 현재는 유적지로 남아있다.

도시가 발전하면서 증가하는 신도들을 수용하기에는 코트야드의 확장만으로 충분하지 않아 기도홀의 확충이 시급했을 것인데, 기록에 의하면 기도홀 내부에 많은 인파로 인하여 질식사하기도 하였다고 전해진다. 특히 이전 압달라*Abdallah* 시기에 궁전과 모스크를 연결하는 통로*sabat* 를 설치하여 일반인들과의 접촉을 피하고 왕족과 귀족들을 위한 기도공간인 마크수라*maqsurah* 로 이동하도록 하였기 때문에 기도실 내부는 더 협소하였을 것이다. 이러한 문제를 해결하기 위하여 알-하캄 2세는 즉위한 지 1년도 되기 전인 962년, 압드 알-라흐만 2세에 의해 증축된 키블라 벽체(836)와 미흐랍을 철거하고, 초기 모스크와 같은 규모인 11개의 기둥으로 구성된 베이를 연속하여 남쪽 방향으로 공간을 확장하였다. 길이 방향으로 증축된 내부 공간은 61m에서 98m로 확장되어 정사각형에서 직사각형으로 길어졌는데, 디자인은 초기 방식을 유지하면서 건물에 많은 문을 추가하였다. 초기 모스크를 건축할 때 이중 아치를 사용하여 내부 공간의 볼륨을 확장하고 어둠으로 인한 폐쇄감을 줄이고자 노력하였으나 건물 내부를 밝힐 수 있는 것은 격자 문양으로 장식된 출입문들로부터 들어오는 채광과 내부에 설치된 인공조명뿐이어서 증축된 건물에 출입문을 최대한 설치하였다. 또한, 기존 미흐랍이 있었던 장소에는 연속된 3개의 기둥 공간과 미흐랍 전면 마크수라 상부에 천창을 설치하여 내부 채광을 최대한 확보하였는데, 특히 겨울철과 같이 날씨의 변화에 따라 출입문을 개방하지 못할 때를 대비한 것 같다(그림 72).

새롭게 충축된 건물은 수평보다 수직을 강조하는 그리스도교회와 유사한 배치 형태를 만들어내고 있다. 주변보다 다소 폭이 넓은 중앙의 아

코르도바 대모스크_중세 스페인 이슬람제국의 성소

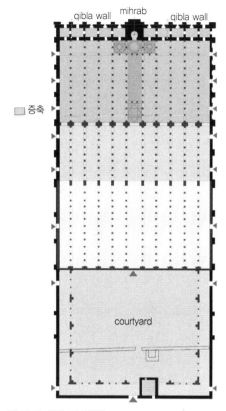

그림 72 알-하캄 2세의 증축

일은 교회의 네이브nave와 같은 역할을 하는데, 모스크가 대성당으로 변환될 때 예배공간으로 사용한 빌라비시오사 채플Villaviciosa Chapel 이 있는 부분이 증축의 시작 부분으로, 다엽형 아치로 장식하고 상부에는 돔을 만들어 내부에 자연광을 유입하도록 하였다(그림 73, 그림 80).

　기존의 양식을 유지하면서 증축의 시작 부분과 미흐랍 전면부만 새로운 양식으로 변경한 것은 흥미로운데, 이는 두 가지 관점으로 생각해 볼 수 있다. 첫 번째는 수직 방향으로 증축된 내부는 기도홀 입구에 설치된

그림 73 알-하캄 2세의 증축 시작부의 립으로 구성된 돔(Villaviciosa Chapel, José Luis Filpo Cabana, CC BY 4.0)

채광창에서 점점 더 멀어지기 때문에, 내부에 빛을 유입시킬 수 있는 천창의 기능과 더불어 미흐랍*mihrab*과 민바르*minbar*에서 설교하는 목소리의 방향 또한 가늠할 수 있으며, 이전과는 다른 새로운 영역에 들어선 느낌을 강조하기 위하였을 것이다. 두 번째는 코르도바가 세계적인 도시의 중심지로 발전함에 따라 건물을 증축하는 표면적인 목적 이면에 계층 간의 기도공간을 구분하기 위하여 증축을 하였을 것이다. 모든 무슬림은 평등하다는 교리에 따라 초기 모스크와 압드 알-라흐만 2세에 의해 증축된 모스크는 기존 양식의 변경 없이 동일한 형태의 기도공간으로 구성되어 있지만, 알 하캄 2세 시대는 변방의 왕국에서 칼리프 왕조로 권위가 높아짐에 따라 새로운 궁전도시를 건축할 정도로 행정조직이 커지고 이에 따른 고위직과 일반인들 간의 계층 구분이 있었을 것이다. 금요기도 때 밀려드는 신도들을 수용하기 위하여 증축하였다면 공사의 난이도와 신도들의 진출입을 고려할 때 수평 방향의 증축이 훨씬 효과적인데도 불구하고 수직 방향으로 증축을 이어간 것은 기존 모스크의 틀을 유지하면서 왕족의 기도 공간인 마크수라와 같이 고위직을 위한 새로운 기도 공간을 확보하기 위하였을 것이다. 따라서 일반인들에게는 이전 미흐랍이 위치하였던 장소에 천창을 설치하여 기존 미흐랍의 상징성을 유지하도록 하였으며, 증축된 공간의 일성부분은 고위직이나 행정관리들을 위한 기도 공간으로 양측면에 많은 진입부를 만들어 진출입 동선이 교차되지 않도록 원활하게 하였을 것이다. 이에 관련된 기록은 남아있지 않아 진위를 파악하기는 힘들지만 건물 내부의 약 60% 증가만으로는 불안해하는 관리들이 있었을 것이다.

새롭게 증축된 미흐랍 전면에는 3개의 아일과 2개의 베이를 사용하여 마크수라maqsurah를 만들어 진입부와 거의 유사하지만 더 화려하게 장식하였다. 일반적으로 마크수라는 칸막이 벽체를 사용하여 지도자들을 암살로부터 방어하기 위하여 만들어지는 공간으로 미흐랍과 분리된 공간에 설치하는 것인데 반해 미흐랍 정면에 위치하고 우측 벽에 문을 설치하여 궁전과 연결하는 통로salat를 설치하였다. 다엽형 아치로 화려하게 장식된 공간 상부는 진입부와 같이 돔과 천창으로 구성되어 있는데, 돔 하단의 천창을 통하여 내부로 유입된 빛은 중앙 돔의 화려한 금박의 모자이크를 보석같이 밝히고 내려와 미흐랍 입구 말굽형 아치 벽면의 금색과 녹색으로 장식된 캘리그래피와 식물 문양의 모자이크를 비추면서 화려함을 더하고 있다(그림 74).

미흐랍은 아치로 된 볼트 상부를 무카르나스로 장식하는 일반적인 형태와는 달리 이전 모스크에서 볼 수 없는 독립된 실로 구성되어 있다. 전면 입구는 말굽형 아치로 화려한 식물 문양의 모자이크로 장식되어 있는데, 하단부는 단순한 대리석 벽체가 아치를 지지하고 있으며, 대성당 입

그림 74 코르도바 대모스크의 마크수라 돔과 미흐랍

구의 작은 기둥jamb 과 같이 코린트 양식으로 된 기둥이 장식적인 요소로 부착되어 있다. 아치 상부는 당시 유행하던 알피즈alfiz 양식에 모자이크로 화려하게 장식하였으며, 백색 테두리 사이 황금색으로 만들어진 수평의 면에는 검은색 캘리그래피로 바깥 테두리 내부에는 검은색 바탕에 금박의 캘리그래피로 장식하여 대조를 이루고 있다(그림 8 참조). 그 위에는 건물에서 가장 작은 코린트 기둥으로 세 개의 잎을 가진 아치를 지지하는 7개의 니치들이 식물 문양 모자이크로 장식되어 이슬람의 7개의 천국을 묘사하는 것 같다. 이러한 3엽형 아치trefoil arch 는 미흐랍의 8각형 내부 중간 벽체에도 배치되어 있는데, 식물 문양은 생략되었으며, 가리비 조개 모양으로 장식된 돔이 천장을 장식하고 있다(그림 75).

그림 75 미흐랍 상부 가리비 조개 모양의 돔(Manuel de Corselas, CC BY-SA 3.0)

알-하캄 2세의 증축은 기존 이슬람 건축양식에서 선례가 없었던 새로운 형태로써 중앙부만 보면 그리스도교회와 거의 흡사한 구성을 보여주고 있다. 미흐랍은 교회의 앱스와 같은 위치에 화려하게 장식하였으며, 마크수라 영역은 교회의 트랜셉트의 기능에 더하여 사제들을 위한 공간인 챈슬chancel 과 같은 역할을 하는데 남쪽 방향에 사제들을 위한 문을 설치하여 일반인들과 분리된 동선을 가지도록 하는 것 또한 유사하며 외부의 빛을 유입하여 장엄하게 장식하였다. 라틴십자가 형태의 교회와 같은 구성은 압드 알-라흐만 2세의 미흐랍 부분이 새로운 형태로 변형되는 곳부터 시작하여 미흐랍을 중심으로 날개를 펼친 듯한 마크수라에서 완성된다고 할 수 있다(그림76).

이러한 새로운 형태의 적용은 압드 알-라흐만 3세가 교회의 종탑을 미나렛에 적용한 것과 같이, 913년에 완공된 스페인 북부에 위치한 산 미구엘San Miguel de Escalada 모사라베 교회의 공간을 적용한 것으로 추측하며,

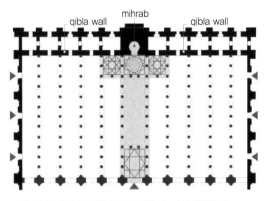

그림 76 알-하캄 2세의 증축 전면부와 마크수라 평면구성

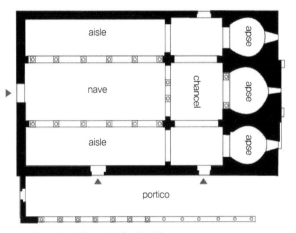

그림 77 산 미구엘 모사라베 교회 평면

심지어 증축된 기도홀에서 모사라베 예배가 진행되었다고 전해진다. 그러나 교회양식을 적용하여 교회의 앱스에 해당하는 부분을 화려하게 장식하였을 수도 있지만, 산 미구엘 교회의 외부 포치와 내부에 사용된 말굽형 아치를 포함하여 전체적인 건축요소들은 오히려 코르도바 대모스크 양식을 적용한 것으로 보인다(그림77).

알-하캄 2세에 의하여 기존 방식을 유지하면서 교회와 같이 화려하게 증축한 것은 기도공간을 확장하는 것 이상의 의미로 코르도바 칼리프 왕조의 권위를 강화하고 최근 개종한 사람들에게 종교적인 이질감을 최소화하기 위한 증축이라고 볼 수 있다. 특히 미흐랍에 장식된 모자이크가 인상적인데 이전까지 스페인에서는 모자이크가 사용되지 않았으며, 이슬람세계에서도 다마스쿠스의 우마야드 대모스크를 제외하고는 거의 사용되지 않았다. 알-하캄 2세는 자신의 선조인 우마야드 왕조시대 때 건설한 우마야드 대모스크의 모자이크를 모방할 수 있는 능력 있는 작업자를 보내달라고 비잔틴 황제Nicephorus II에게 편지를 썼는데, 이러한 모자이크 장식의 사용은 시리아의 우마야드 칼리프 왕조와의 강력한 시각적인 연대를 통하여 스페인에서 새롭게 설립한 우마야드 칼리프 왕조의 정통성을 주장하기 위한 의도였을 것이다. 따라서 새로운 확장은 칼리프의 왕권을 강화하고 우마야드 왕조와의 연속성과 정통성을 강조하는 의미였을 것이다.

알만조르의 모스크 수평확장

국내외 정세의 안정과 경제적인 발전에 기반을 두어 서구의 르네상스 시대와 같이 문학과 예술 그리고 과학의 꽃을 피웠던 코르도바 왕국의 황금기는 알-하캄 2세가 어린 후계자만을 남기고 사망하는 바람에 격변의 시대에 돌입하게 되었다. 우마야드 시대부터 왕권 강화를 위하여 왕위를 자식에게 세습하는 방식이 전통으로 이어졌으며, 코르도바 왕국에서도 이를 답습하였으나, 이전까지 이슬람국가에 없었던 10세가 채 되지 않은 어린 나이의 후계자가 코르도바 칼리프 왕국의 세 번째 칼리프에 즉위하게 되었다. 당시 칼리프caliph는 정치적인 권력의 상징으로 인식되지만, 사실 로마의 교황과 같이 예지자 무함마드를 대신하여 하나님을 섬기는 종교적 지도자의 성격이 강하며 무슬림들은 그렇게 믿고 따랐다. 따라서 어린 히샴 2세Hisham II가 왕위에 올랐을 때 내부에는 권력의 암투와 더불어 북쪽으로는 그리스도 국가의 침입과 아프리카에서는 파티미드 왕조의 공격으로 인하여 혼돈의 시대가 되었다.

이러한 불안정한 정세 속에서 북아프리카의 반란을 진압하며 군사적인 능력을 인정받은 뒤 재상의 자리에 오른 이븐 아비 아미르Ibn Abi 'Amir는 히샴 2세의 모친과 함께 섭정을 하면서 그리스도 국가의 침략을 막아내는 것을 넘어서 최대한 많은 지역을 정복하여 승리자라는 의미의 알만조르Almanzor, al-Mansur라 불렸다. 그는 과학과 문학 등으로 나약해진 사상과 이교도적인 요소를 철저하게 억압하고 종교적인 신념을 강화하였으며, 내부의 불안정한 정세를 안정화하기 위하여 칼리프에 의한 성전을 외치며 주변 지역을 침략하여 세력을 강화하였다. 분열되어 있는 정부 조직을 재정비하는 목적으로 알-하캄 2세의 자랑이었던 60만 권 이상의 책을 소장하고 있는 도서관을 폐쇄하고 기존 궁전Medina Azahira에서 코르도바 대모스크 동쪽 방향으로 새로운 궁전Madinat Az-Zahira을 건립하여 정부행정기관을 옮겼다. 이와 더불어 수도에 정착한 많은 수의 베르베르Berbers 부족의 기도 공간을 확보하기 위하여 987년 모스크의 동쪽 방향으로 8개의 아일을 더하여 증축하였다. 이러한 확장은 자신의 주력부대인 베르베르 용병들에게 성전Jihad을 행하는 동안 종교심을 고취하고, 정치적인 권력을 확고히 하기 위한 것으로 보인다. 측면 방향으로 기도 공간을 확장한 것은 미흐랍을 중심으로 대칭된 건물의 전체 구성을 방해하지만, 길이 방향으로 위계화된 그리스도교 방식의 공간을 수평 방향으로 확장하여 기존 왕권을 중화시키고, 이슬람의 전통적인 배치 방식으로 돌아가는 역할을 한 것으로 보인다. 특히 2년이 채 되지 않은 짧은 공사기간에 화려하게 장식된 미흐랍과 마크수라 장식을 훼손하면서까지 경사진 남쪽 방향으로의 확장은 불합리할 뿐 아니라 건물 내·외부에서 단체로 기도하는 이슬람 종교 특성상 다수의 인원을 수용하고 동선을 최소화하기 위하여서는 수평 확장이 최상의 방법이었을 것이다(그림78).

건물의 증축은 기도홀뿐만 아니라 코트야드도 함께 동쪽 방향으로 47.76m로 확장되었는데, 기존의 증축 방식과 같은 기둥과 이중 아치들

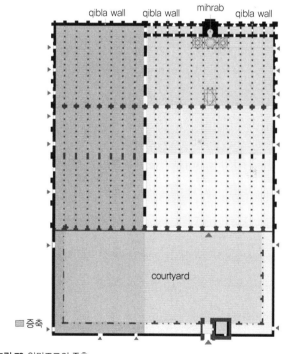

그림 78 알만조르의 증축

그림 79 알만조르의 증축과 붉은 색채 마감(Richard Mortel, CC BY 2.0)

을 반복 설치하여 건물의 확장은 어느 방향으로도 가능한 무한한 공간의 확장력을 보여준다. 7개의 기둥 열로 구성된 내부는 새로운 기둥이 필요한데 당시 로마 또는 비지고스 기둥들이 남아있는 것이 없어 같은 형태의 기둥을 새롭게 제작하였다. 기둥 몸통 상부에는 석공의 표식mason's mark 을 남겨두었는데 이러한 것은 중세 교회 건물에서 쉽게 볼 수 있는 것이다. 바닥은 붉은 벽돌로 마감하였으며, 이중 아치는 석재와 벽돌이 반복되는 기존의 구성이 아니라 전체를 석재로 건축한 뒤 벽돌 부분은 색채로 마감하여 같은 효과를 내고 있다(그림79).

코르도바 칼리프 왕조의 멸망과 대성당

알만조르의 사망 후 무력한 코르도바 칼리프 왕국은 명맥만 유지하다가 1031년 결국 역사 속으로 사라지게 되고, 이슬람 도시들은 독립된 도

그림 80 빌라비치오사 채플 *Villaviciosa chapel* 의 네이브와 포인트
아치|*transverse pointed arches*(MBiblio, CC BY-SA 2.0)

시국가*Taifa* 로 분열되어 약화되다가, 1236년 카스티유*Castile* 왕 페르디난
드 3세*Ferdinand III* 에 의해 코르도바는 점령되었다. 이슬람의 도시에서 그
리스도교 도시로 변한 후 코르도바 대모스크는 성모 마리아를 모신 산타
마리아 대성당*Catedral de Santa Maria* 으로 변경되었으며, 기존 건물을 최소
한 보존하면서 알−하캄 2세에 의해 증축된 네이브의 시작 부분을 빌라비
치오사 채플*Villaviciosa chapel* 로 만들어 예배를 드렸다. 15세기에는 채플의
서쪽 방향 5개의 아일에 각각 2개의 기둥을 제거하여 거대한 고딕 포인
트 아치를 설치하여 마치 프랑스 남부에 자주 볼 수 있는 단일 네이브*nef
unique* 교회로 확장하였다(그림 80).

16세기 초까지는 모스크 내부를 최소한 변경하고 민바르*minbar* 마저 훼손하지 않고 보존하였는데, 대규모 성당을 건축하고자 하는 움직임이 교회 내부에서 시작되었다. 기존 건물을 보존하고자 하는 시의회의 강력한 반대에도 불구하고 대성당의 주교는 카스티유*Castile*와 아라곤*Aragon*의 왕이며 나중에 신성로마제국의 황제로 즉위하는 찰스 5세에게 탄원서를 올려 허락을 받아낸 뒤, 1523년 건물 내부에 대성당을 건축하였다. 아마도 새로운 건물에 대한 열망은 인근 도시 세빌*Seville*에서 기존 모스크를 제거하고 고딕성당 중 최대 규모의 세빌 대성당*Seville Cathedral*이 1519년도에 완공된 것을 목격하였기 때문일 것이다.

16세기 초반까지 가장 큰 규모의 건물이었던 하기아 소피아를 넘어선 세빌 대성당*Seville Cathedral*은 로시니*Gioacchino Antonio Rossini*의 오페라 〈세비야의 이발사*Il barbiere di Siviglia*〉로 유명한 스페인 안달루시아 지방의 수도인 세빌*Seville*에 위치하고 있다. 코르도바 칼리프 왕국의 영화가 사라지고 독립된 도시국가로 분열되었을 때 코르도바는 잦은 약탈로 인하여 도시는 약화되고 결국 세빌의 지배하에 들어갔다. 12세기에 아프리카 북부와 스페인 남부지역을 점령한 베르베르 무슬림에 의해 설립된 알모하드 칼리프 왕국*Almohad Caliphate*이 세빌을 수도로 하고 도시 남쪽 끝에 새로운 대모스크를 1198년에 완공하였다. 기도홀 내부는 17개의 아일과 10개의 기둥으로 구성된 베이를 가지고 있으며, 전체 건물의 크기는 코트야드를 포함하여 폭 113m 길이 135m의 정사각형에 근접한 모스크였다고 한다. 코트야드가 오렌지 정원으로 조성되어 있어 코르도바 대모스크와 유사하나 미나렛이 미흐랍으로 향하지 않고 왼쪽 면에 배치되어 있었다. 1248년 페르디난드 3세*Ferdinand III*에 의하여 정복된 후 코르도바 대모스크와 같이 대성당으로 변용되어 사용되다가 도시가 발전하고 경제력을 과시하기 위하여 모스크 건물을 완전히 철거하고 새로운 교회를 건축하기를 결정하였다. 전례에 의하면 "완성된 교회를 본 사람들이 우리를 미치광이로 생각하도록 상당히 아름답고 웅장한 교회를 건축하자."라고 교회의 성직자들이 말하였을 정도로 처음부터 이슬람의 흔적을 지우고 그리스도교의 영광을 표방하고자 한 것 같다. 15세기 초에 착공하여 한 세기가 지난 1519년에 완공하였다고 한다. 과거를 완전히 지우기를 바랐던 건물에도 이슬람의 흔적이 두 곳에 남아있는데, 코르도바 대모스크의 코트야드와 같은 이름의 '오렌지 나무의 코트야드 _Patio de los Naranjos_'와 도시의 랜드마크 landmark 기능을 하고 있는 105m 높이의 히랄다 _La Giralda_ 종탑으로 바뀐 미나렛이다(그림 81).

많은 이들은 코르도바 대모스크 내부에 대성당을 건축하였기 때문에 세빌 모스크의 운명을 겪지 않고 공존으로 인하여 보존되었다고 하는데, 도시의 규모와 경제력이 약화된 상황에서 건물을 철거하고 새로운 건물

그림 81 세빌 대성당 Seville Cathedral 의 모스크와 코트야드

그림 82 모스크 내부에 건축된 대성당 건물(Toni Castillo Quero, CC BY-SA 2.0)

을 신축할 재정의 여유가 코르도바에는 없었을 것이다. 심지어 세빌 대성당조차 규모의 크기는 있지만 건축하는 데 백 년 이상의 기간이 소모되었으니, 신축은 생각하지도 않고 건물 내부의 증축도 겨우 승인을 받고 진행하였다고 볼 수 있다. 모스크 내부에 건축된 대성당 건물은 교회 배치 방향에 따라 성소를 동쪽으로 향하게 하였으며, 건축양식은 고딕과 르네상스 양식을 혼합한 스페인 특유의 플레터레스크Plateresque 양식으로 건축되었는데, 아마도 재정상의 문제로 건축기간이 길어지고 건축가들 또한 변경되어 다양한 양식이 혼재되어 있다(그림82).

교회를 의도적으로 건물의 중앙에 배치하여 키블라 벽체로 향하는 동선과 시선을 방해하고 기도 공간을 최소화하도록 하고 있지만, 지역의 전통을 바탕으로 스페인 고유의 이슬람 양식이 건축되었듯이, 오랜 기간 공존한 이슬람 문화와 접목된 스페인 그리스도교 양식의 표현이라고 볼 수 있다. 찰스 5세가 1526년 건물을 방문한 뒤 자신이 모스크 내부에 대성당

코르도바 대모스크_중세 스페인 이슬람제국의 성소

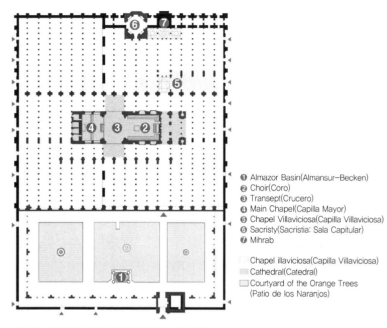

❶ Almazor Basin(Almansur-Becken)
❷ Choir(Coro)
❸ Transept(Crucero)
❹ Main Chapel(Capilla Mayor)
❺ Chapel Villaviciosa(Capilla Villaviciosa)
❻ Sacristy(Sacristia: Sala Capitular)
❼ Mihrab

  Chapel illaviciosa(Capilla Villaviciosa)
  Cathedral(Catedral)
  Courtyard of the Orange Trees
  (Patio de los Naranjos)

그림 83 코르도바 대성당 건물로 변형된 모스크 평면

건물의 신축을 승인해준 것을 후회하면서 다음과 같은 유명한 말을 남겼다고 한다. "당신들은 여기에 누구나 어디에서든지 건축할 수 있는 것을 건설했지만, 세상에서 유일했던 것을 파괴하였느니라. 당신들은 완성된 것을 허물고, 끝내지 못하는 것을 시작하였다."(그림 83)

제 4 장

코르도바 대모스크의
내부 구성요소

코르도바 대모스크의
내부 구성요소

   압드 알–라흐람 1세에 의해 건축된 모스크의 기도홀은 이미 살펴본 바와 같이 폭 74m에 안 깊이 37m의 직사각형으로 구성되어 있으며, 11개의 기둥을 가진 아케이드가 11개의 아일로 분할되어 총 110개의 기둥이 건물을 지지하고 있다. 기둥들은 새롭게 제작된 것이 아니라 이전 시대에 사용되던 동일한 형태의 기둥을 구입하여 사용하였다. 과거 구조물을 재사용하는 스폴리아Spolia 양식은 그리스와 로마시대에도 사용하였는데 대표적인 건물이 로마 콜로세움Colosseum 과 팔라틴 언덕Palatine hill 사이에 있는 콘스탄티누스의 개선문이며, 초기 그리스도교회 건물 또한 로마의 신전과 바실리카에 사용된 건축요소들을 재활용하여 건축하였다. 코르도바 대모스크에 사용된 기둥은 주로 로마시대 바실리카basilica 에 사용된 코린트 양식의 기둥인데, 기둥의 크기가 일반적인 바실리카 기둥의 2/3 정도여서 아마도 소규모 바실리카 건물이나 바실리카의 2층에 사용된 것을 재활용한 것으로 추정된다. 소규모 기둥의 사용은 기도를 위한 바닥 면적을 최대한 확보하고, 기도자들에게 키블라 방향으로 향하는 시각적인 차단을 최소화하는 방안이었을 것이다. 그러나 일반적인 바실리카 건물의 기둥에 비하여 지름과 높이가 작은 기둥은 건물의 수평 면적의 확보와 폐쇄감을 줄이는 데는 적합하지만 수직적인 공간을 확장하는 데는 다소 어려움이 발생한다. 이러한 문제를 해결하기 위하여 당시 그리스도교 건축에서 사용되던 아케이드 시스템arcade system을 적용하여 코르도바 대모스크만의 독특한 형태를 고안하였다. 코르도바 대모스크의 이단 아케이드 시스템의 특징이 무엇이며, 어떠한 형태로 발전하였는지를 살펴보면 단순하면서도 복잡하게 보이는 모스크를 좀 더 쉽게 이해할 수 있을 것이다.

이단 아케이드 시스템 *double arcade system*

로마시대 법정과 같이 다양한 용도로 사용되던 바실리카를 바탕으로 발전한 초기 교회 건물의 내부는 산타 마리아 바실리카 교회*Basilica di Santa Maria Maggiore, Rome*(432~)와 같이 기둥이 수평의 석재 아키트레이브architrave를 받치고 있는 형태로 구성되었다(그림 84). 거의 같은 시기에 건축된 로마에 위치한 산타 사비나 바실리카 교회*Basilica di Santa Sabina, Rome*(432)에서는 로마신전에서 사용하던 코린트 양식의 기둥을 재사용하여 아치가 상부를 지지하는 아케이드arcade로 변화되었으며, 이러한 양식은 중세 종교건축의 기본적인 형태가 되었다(그림 85). 그러나 산타 사비나 교회에서는 아치와 기둥을 자연스럽게 연결하는 애버커스abacus 또는 임포우스트impost 없이 코린트 주두의 상부로부터 아치가 시작하고 있다. 비잔틴의 영향 아래 건축된 라벤나에 있는 아폴리나레 교회*Basilica di Sant' Apollinare in Classe, Ravenna*(549)는 도릭 양식 기둥의 애버커스보다 훨씬 큰

그림 84 산타 마리아 바실리카 교회의 네이브 기둥(Livioandronico2013, CC BY-SA 4.0)

그림 85 산타 사비나 바실리카 교회의 네이브 아케이드(The Photografer, CC BY-SA 4.0)

역사다리 모양의 임포우스트 impost 를 사용하여 코린트 주두와 아치를 자연스럽게 연결하고 높이를 상승시키고 있는데, 비잔틴 양식 기둥에 많이 사용된 이러한 형태를 도세레트 _dosseret_ 또는 임포우스트 각재 impost block 라고 부른다(그림 86).

　건물 내부에서 아케이드의 사용은 1층의 공간을 확장하고 개방감을 위

그림 86 아폴리나레 교회의 네이브 아케이드와 기둥 상부 도세레트(Hiro-o at Japanese Wikipedia, CC BY-SA 3.0)

한 것인데, 산타 마리아 바실리카와 아폴리나레 교회를 비교하면 기둥 간의 폭과 높이가 증가한다는 것을 알 수 있다(그림 87). 심지어 르네상스건축을 이끌어 낸 브루넬레스키*Filippo Brunelleschi*가 메디치 가문을 위하여 건축한 산 로렌조 바실리카*Basillica di San Lorenzo*의 아케이드를 보면 코린트 양식의 기둥 위에 엔타블레쳐*entablelature*를 설치한 듯한 큰 규모의 도세레트를 설치하여 아케이드를 높였다(그림 88).

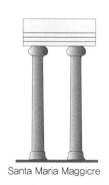
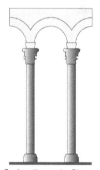

Santa Maria Maggicre   S. Apollinare in Classe

그림 87 산타 마리아 바실리카와 아폴리나레 교회의 기둥의 폭과 높이 비교

그림 88 산 로렌조 바실리카의 네이브 아케이드와 기둥 상부 도세레트(Peter K Burian, CC BY-SA 4.0)

아케이드 구조물에서 아치들은 수직적인 공간 확보와 더불어 상부의 하중을 압축력으로 전환하여 건물을 안정적으로 지탱하도록 한다. 그러나 코르도바 대모스크 아케이드의 상단의 아치는 이러한 구조적인 역할을 하는 반면, 하단 아치는 상부에 부재 없이 아치 고유의 독립적인 형태를 취하고 있다(그림 89).

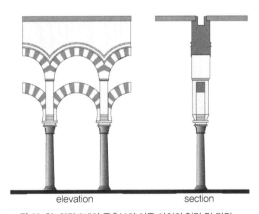

그림 89 알-하캄 2세의 증축부의 이중 아치의 입면 및 단면

코르도바 아케이드 하단의 아치를 제거하면 단일의 아치가 상부 구조물을 지지하는 일반적인 아케이드 시스템이 만들어지며, 로마시대 코린트 양식의 기둥을 재사용한 아폴리나레 교회보다 훨씬 작은 아치를 사용하여 아케이드 높이와 거의 같아지고 기둥 간의 폭은 훨씬 더 넓다(그림 90). 그러나 이렇게 만들어진 아케이드 시스템은 상부지붕의 하중과 아치 자체의 무게를 지지하기에는 과도하게 높아 구조적인 안정성의 문제가 제기되었을 것이다.

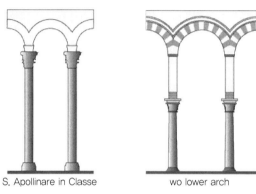

S. Apollinare in Classe   wo lower arch

그림 90 같은 아케이드 높이에서 기둥 크기와 베이의 간격

기둥은 상부의 하중을 수직 방향으로 전달하는 역할을 하는데 하중이 커지고 기둥의 높이가 높아져 한계에 다다르면 횡방향으로 휘어져 좌굴 buckling 이라는 현상이 일어나며 무너지게 된다. 따라서 기둥은 높이와 단면과의 관계에 따라 세장비 slenderness ratio 를 계산하여 낮은 기둥(단주)과 높은 기둥(장주)으로 구분하는데, 세장비 50 이하를 단주라고 하고 100 이상을 장주라고 한다. 최근 3D 스캐너를 사용하여 정확하게 측정한 알-하캄 2세에 의해 증축된 미흐랍 전면 네이브 부분에 사용된 기둥을 분석하

면, 하부 기둥의 세장비는 96으로 장주에 근접한 치수인 데 반하여, 중간의 말굽형 아치가 없을 경우 세장비가 168이여서 상부의 하중에 의해 좌굴 가능성이 상당히 큰 것으로 파악된다. 따라서 전체 아케이드 시스템을 안정시키기 위해서는 중앙부분에 보강재가 필요하였을 것이며, 아케이드의 비례와 조화를 위하여 일반적인 수평 부재의 보강보다는 아치가 적합하였을 것이다(그림 91).

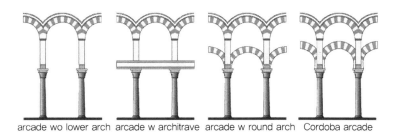

arcade wo lower arch　arcade w architrave　arcade w round arch　Cordoba arcade

그림 91 단일 아케이드와 이단 아케이드의 비교와 하단 아치의 위치

이러한 아치의 사용은 구조적인 안정뿐 아니라 우마야드 대모스크와 중세 교회와 같이 이층으로 구성된 내부 입면과 유사한 효과를 만들어 낼 수 있다. 여기서 보강되는 아치의 위치는 건물의 층고를 높여 내부 공간의 개방감을 최대한 확장할 수 있는 위치에 설치하여야 하는데, 당시 주두 위에 투박한 도세레트를 사용하는 것보다 말굽형 아치를 사용하여 형태적인 아름다움과 더불어 상부 반원형 아치보다 폭은 적으나 높이는 증가하는 장점을 최대한 이용하였다. 반원형 아치를 사용했을 때보다 말굽형 아치의 사용은 아치의 높이를 약 1/3 증가시켰다. 따라서 하부에 추가된 아치는 장식, 구조, 기능적인 요소 모두를 가지고 있다고 볼 수 있다(그림 92).

코르도바 대모스크의 이단 아케이드 시스템의 또 다른 특이점은 역피

코르도바 대모스크_중세 스페인 이슬람제국의 성소

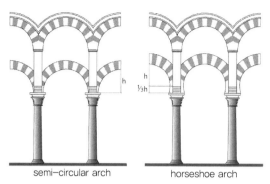

그림 92 반원형*semi-circular* 아치와 말굽형*horseshoe* 아치 사용에 따른
하단 아치의 높이 변화

라미드 형태로 기둥에서부터 상부로 올라갈수록 부재들의 부피가 커진다
는 것이다(그림 89, 그림 93). 크기의 증가는 지붕을 구성하고 있는 가로 부재
를 변형 없이 안정적으로 지지할 수 있도록 하는 장점이 있지만 다소 투
박하고 불안정하게 보일 수 있다. 시각적인 불안정과 투박함을 해소하기
위하여 주두 상부 임포우스트를 역사다리 꼴로 만들어 자연스럽게 아치
와 연결하였으며 아치의 부스와*voussoir*에는 붉은 색과 흰색을 교대로 사
용하여 시선을 분산시키는 효과를 만들어 내었다. 이러한 색상의 교차
는 알-하캄 2세에 의하여 증축된 기도홀 기둥에서도 사용하였는데 흑색
의 대리석과 붉은색 대리석을 교차로 사용하여 붉은색 기둥을 향하여 시
선을 돌리면 자연스럽게 중앙 네이브*nave*로 향하고 궁극적으로는 미흐랍
*mihrab*과 설교가 행지지는 민바르*minbar*를 향하게 된다.

모스크 내부에 들어서면 천 년 전의 모습을 온전히 느낄 수 없을 정도
로 다소 변형되어 있지만, 교회의 부가적인 요소들을 제거하고 바라보면
기둥과 아치의 단조로운 반복이 끝없이 펼쳐진 것같이 보일 것이다. 이러
한 단조로운 형태에 변화와 활력을 불어 넣으며 수직적인 공간감을 확장

그림 93 이단 아케이드의 측면(Nicolas Vollmer, CC BY 2.0)

하는 것은 이단 아케이드 시스템이라는 독창적인 형태를 만들어 낸 건축
가의 창의력 때문일 것이다.

다엽형 아치와 무카르나스

초기의 모스크가 다소 단조로워 보이는 이단 아케이드에 두 가지 색채
를 사용하여 마치 붉은 꽃이 핀 나무들이 무한히 반복하는 숲속을 목적지
없이 거니는 구성이었다면, 알-하캄 2세에 의해 증축된 건물 내부는 중
앙 아일aisle 의 시작부와 최종 목적지인 미흐랍mihrab 을 포함하여 전면 3
개의 아일에 마크수라maqsurah 를 만들어 새로운 형태로 화려하게 장식하
였다. 미흐랍 입구에 만들어진 마크수라는 종방향으로 구성된 기존의 아
케이드에서 직각 방향의 반원형 아치와 말굽형 아치로 화려하게 중첩된

다엽형 아치multifoil arch로 구성되어 있다. 다엽형 아치는 기둥과 기둥 사이를 가로질러 상호 연결되어 있어 아치의 폭은 하나의 베이인 동시에 두 개의 베이인 교차 아치interlocking arch의 형태를 하고 있다. 따라서 기존 아케이드 시스템의 말굽형 아치는 다엽형의 교차 아치로 변형되어 구조적인 목적보다는 장식적인 역할을 하는 것같이 독특한 형태로 변이되었다. 특히 마크수라 아케이드 하단 오엽형 아치는 장식적인 화려함뿐만 아니라 기능적인 효과를 가지고 있는데, 기둥의 폭과 높이가 축소됨에도 불구하고 고딕건축의 포인트 아치와 같이 하단 아케이드의 높이를 증가시키고 있다(그림 94).

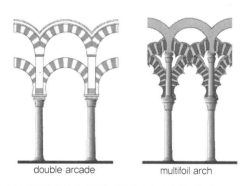

double arcade   multifoil arch

그림 94 말굽형 아치와 다엽형 아치의 기둥 간격과 높이 비교

이러한 교차하는 아치는 상부 돔을 지지하고 장식하는 데도 사용하여 무카르나스muqarnas 장식의 진화를 이끌어냈다. 일반적으로 펜덴티브pendentive 또는 스퀸치squinch에 의해 지지되는 돔과는 달리 마크수라maqsurah 상부에 있는 돔은 네 개의 거대한 아치가 돔을 지지하고, 대각으로 교차하는 또 다른 네 개의 아치로 보강되었다(그림 95).

특히 대규모 교차하는 아치는 고딕 양식을 대표하는 립rib의 형태를 하

그림 95 미흐랍 전면에 있는 마크수라의 중앙 상부 돔(Manuel de Corselas, CC BY-SA 3.0)

고 있는데, 립볼트 rib vault 를 최초로 사용한 것으로 추정되는 더램 대성당 Cathedral of Durham(1093)보다 백 년 이상 앞서 사용되었다(그림 96). 이러한 아치를 립볼트의 기원으로 보는 데는 여전히 역사학자들 간에 논쟁이 있으나, 더램 대성당이 이슬람건축에 친숙한 노르만에 의하여 건축되었기 때문에, 지역적인 건축요소를 바탕으로 발전한 코르도바 대모스크와 같이 이슬람 양식을 적용하여 발전하였을 가능성이 있을 것이다. 교차하는 립에 의해 형성된 8각형 틀 속에서 핀 8개의 꽃잎을 가진 형태는 바로크건축을 대표하는 건물인 보로미니 Francesco Borromini 의 사피엔자 교회 Sant'Ivo alla Sapienza(1660)의 상부 6각형의 돔의 구성과 유사한 형태를 하고 있다(그림 97). 궁극적으로 마크수라를 구성하는 상호 연결된 다엽형 아치와 무카르나스의 립으로 된 볼트와 돔과 같은 장식들은 그라나다 Granada 에 있는 알함브라 궁전에서 화려한 무카르나스 장식으로 꽃을 피웠으며 이슬람건축과 장식예술의 발전에 중요한 부분을 형성하고 있는 것으로 보인다.

코르도바 대모스크_중세 스페인 이슬람제국의 성소

그림 96 더램 대성당 립볼트(Michael D Beckwith, CC0)

그림 97 보로미니의 사피엔자 교회의 상부 돔(Architas, CC BY-SA 4.0)

제 5 장

모스크 배치 방향과 키블라

모스크 배치 방향과 키블라

624년 메디나*Medina*로 이주한 후 16~17개월 동안에는 '밤의 여행'에서 기도 올린 '가장 먼 기도장소'가 있는 예루살렘을 향하여 기도하였는데, 이것이 무슬림들이 기도하는 방향인 최초의 키블라*qibla*였다. 그러나 무함마드가 새로운 계시를 받고 난 뒤 메카에 있는 카바*Kaaba*를 향하여 기도하도록 변경하였다. 이후 무슬림들은 기도할 때 카바를 향하여 기도하였으며, 모든 이슬람 사원의 키블라는 카바가 있는 메카를 향하여 건축하도록 하였다. 이와 같이 모스크를 건축할 때 기도의 방향을 우선적으로 고려하여야 함에도 불구하고, 코르도바 대모스크의 키블라는 메카 방향이 아닌 남쪽의 아프리카를 향하고 있다.

고대 로마도시와 모스크

로마의 식민화된 도시*Colonia Patricia*에서 발전한 코르도바는 전형적인 로마시대의 도시 또는 군대병영*castrum*에서와 같이 포럼을 중심으로 정

방향으로 배치되어 있는데, 동서 방향의 도로를 주도로_decumanus maximus_ 로 하고 남북 방향의 도로_cardo_ 를 교차하도록 하고 있다. 그러나 도시가 확장함에 따라 현재 코르도바 대모스크가 있는 신도시_urbs nova_ 는 과달 퀴비르_Guadalquivir_ 강과 평행하게 배치함에 따라 약 29° 기울어져 건설되었다(그림 98). 따라서 기울어진 동서 방향의 도로_decumanus_ 는 하지의 일출과 동지의 일몰과 거의 같은 방향이다. 이러한 신도시에 로마인들은 야누스_Janus_ 신전을 건축하였으며, 비지고스가 점령하고 난 뒤 산 비센테_San Vicente_ 교회로 바뀐 건물 위에 모스크를 건축하였다고 한다. 최근 조사에 의하면 타일로 된 바닥은 하지의 로마 도로방향과 일치하고 있는데, 이는 이전 건물 위에 모스크를 건축한 것을 의미한다. 로마의 식민지였던 아프리카 북부 모르코_Morocco_ 와 튀니지아_Tunisia_ 에 건설된 모스크들 또한 로마

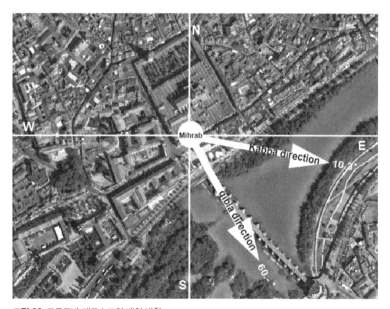

그림 98 코르도바 대모스크의 배치 방향

도로를 따라 코르도바의 신도시와 같은 방향으로 배치되었는데, 이 지역을 점령한 로마인들은 동지와 하지의 태양의 방향에 따라 도로를 배치하는 것을 선호하였다고 한다. 따라서 코르도바 대모스크는 기존 건물 배치 방향에 따라 건축하였기 때문에 키블라의 정확한 방향에 대한 고려 없이 남쪽 방향에 키블라 벽체를 설치하여 기도하였을 것이다.

이러한 방식은 자신들의 우마야드 왕조의 전통을 이어받은 것으로 보이는데, 다마스쿠스에 있는 우마야드 대모스크는 로마 시대 주피터 신전을 세례요한 대성당으로 변형하여 사용하던 교회건물 위에 모스크를 건축하였다고 한다. 건물의 배치 방향 또한 로마도시의 도로방향과 일치하여 많은 이슬람 역사가들은 코르도바 대모스크가 다마스쿠스에 있는 우마야드 대모스크와 같이 정남쪽 방향으로 배치하여 시리아의 전통을 지속적으로 가능하게 하였다고 주장하고 있다. 사실 우마야드 대모스크에서 키블라 벽체를 남쪽(85°)에 두어 메카 방향으로 향하게 하였으나 카바의 방향(74°)과 정확하게 일치하지 않는다(그림 99). 따라서 코르도바 대모스크는 기존의 도시 배치에 따라 건축된 종교 시설물에 모스크를 재건축하는 우마야드 전통을 따른 것이지 배치의 방향까지 고려하여 건축하지는 않았을 것이다.

코르도바 대모스크와 키블라 방향에 관한 최근 연구에 의하면 카바의 주축과 모스크의 배치 방향이 거의 일치하기 때문에, 코르도바 대모스크의 키블라는 카바의 방향이 아니라 카바의 배치 방향으로 건축하였다고 주장하고 있다. 카바의 배치는 남쪽 하늘에 가장 밝은 별인 카노푸스 canopus 별이 나타나는 방향으로 배치하였다고 한다. 시리우스sirius 별 다음으로 가장 밝은 별인 카노푸스별은 북위 37° 18′ 이하에서만 관측되며 코르도바의 위도(37° 52′)에서는 관측할 수 없으므로 배치각도가 비슷한 하

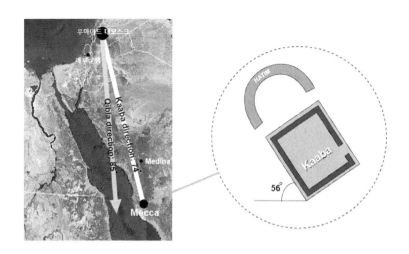

그림 99 카바의 배치 방향과 코르도바 대모스크와 우마야드 대모스크의 키블라 방향(google earth)

지의 태양을 이용하여 방향을 정하였다고 한다. 그러나 코르도바에서 하지의 일출 각도(58°.98)는 우연히도 카바의 배치와 거의 일치(56°)하지만 카바에서의 일출 각도(64°.35)와는 약 4° 이상의 차이가 나기 때문에, 카바의 배치 방향을 적용하여 건축하지는 않았을 것이다.

사실 메카의 카바로 향하는 정확한 키블라의 각도를 발견하는 방법은 850년경 바그다드에 있는 천문학자 하바시*Habash*에 의해 만들어졌다. 따라서 코르도바 대모스크가 건축될 당시 키블라의 방향을 정확히 측정하여 건축하는 것은 불가능하였을 것이다. 알-하캄 2세가 모스크를 확장할 때 천문학자의 의견에 따라 키블라의 방향을 바꾸고자 하였으나, 선조들의 전통을 바꾸고 싶지 않은 많은 사람의 강력한 반대로 포기하였다고 한다. 역사적인 사실 여부를 떠나 키블라의 방향을 정확하게 계산하여 위치를 변경하고자 하였을 때 많은 문제가 수반되었을 것이다. 만일 정확한 키블라 방향으로 변경하게 된다면 주출입구를 통하여 직선으로 진행하는 방식으로 건축된 모스크의 남쪽 벽체 중앙에 위치한 미흐랍_mihrab_을 동남쪽 방향으로 옮겨야 하는데, 기존의 입구와 기둥을 전면적으로 재배치하여야 하므로 단순한 증축으로 해결될 문제가 아니라 새롭게 건축하여야 할 것이다.

많은 이슬람 학자는 무슬림들이 기도할 때 향하는 카바 방향은 이슬람의 성스러운 지리학 전통의 근본이자 모든 모스크의 방향이라고 주장하며 키블라 방향의 정확성을 강조하고 있다. 그러나 먼 거리에 있는 코르도바와 같이 소규모 구조체인 카바를 향하여 정확하게 건물을 배치하는 것은 현실적으로 불가능한데, 코르도바에서 메카까지 거리는 약 4,635km이며, 건축하는 데 1°의 오차가 있어도 메카로부터 약 80km 벗어나게 된다. 만일 기도할 때 1°의 방향만 움직여도 거의 160km 이상 벗어나게 되며, 특히 모스크 내부 기도홀의 가장자리에 위치한 기도자가 정면의 키블라 벽체가 아니라 미흐랍_mihrab_이나 이맘이 설교하는 민바르_minbar_를 향하여 기도하게 되면 완전히 다른 방향을 향하고 있을 수도 있다. 따라서 키블라는 정확한 방향이 아니라 상징적인 의미로서 신을 향하여 방향을 돌린다는 추상적인 개념에 바탕을 두어야 할 것이다.

이슬람 종교가 탄생한 지 얼마 지나지 않아 코르도바 대모스크와 같은 기념비적인 건축물을 만든 것은 건축의 역사에서 전례를 볼 수 없을 정도로 획기적이다. 도시가 발전하고 강력한 지도자에 의하여 건물이 증축되었지만 초기의 구성과 형태의 변형이 거의 없이 지역적인 건축요소와 그리스도교회의 구성방식을 수용하여 다음과 같은 특성으로 역사적인 건축물로 자리하고 있는 것으로 보인다.

1. 지역건축요소의 변이 : 코르도바 대모스크를 기념비적인 건물로 만든

특성들 중 대표적인 것은 이단 아케이드 시스템, 아치의 석재와 벽돌 색상의 교대 사용, 그리고 말굽형 아치형이다. 이러한 건축 구성요소들은 지역 건축전통을 바탕으로 건축되었는데, 이단 아케이드 시스템과 석재와 벽돌 색상의 교대 사용은 스페인 메리다에 있는 로마시대의 수로 구조물의 아치를 참조하여 건축한 것으로 보인다. 특히 수직적인 공간감을 위하여 사용된 이단 아케이드는 장식, 구조 그리고 기능적인 요소 모두를 가지고 있는데, 말굽형 아치를 사용하여 아치의 높이를 1/3 증가시켰으며, 마크수라 아케이드에서는 다엽형 아치를 사용하여 장식적인 화려함과 더불어 높이를 증가시켰다. 또한 스페인 북부 비지고스Visigoths 양식으로 알려져 있는 말굽형 아치는 역사적인 사실과는 관계없이 코르도바 대모스크 건축에서 화려하게 재탄생한 이후 스페인과 아프리카 북부 이슬람건축의 대표적인 건축요소가 되었다. 따라서 이러한 특징들은 무슬림들이 정복한 지역의 건축요소를 어떻게 자신들 고유의 독창적인 건축형태로 전이하는가를 보여주고 있다.

2. 그리스도교 양식의 적용 : 코르도바 대모스크는 지역적인 건축요소들을 적용하였을 뿐만 아니라, 당시 유행하는 로마네스크 양식의 영향을 보여주고 있다. 건물 외부에는 로마네스크 건물의 서쪽 종탑을 참조하여 기념비적인 미나렛을 건축하였으며, 내부에는 길이 방향으로 공간을 확장시켜 위계적인 그리스도교회와 같은 구성을 하였다. 특히 산 미구엘 교회의 앱스apse와 같이 미흐랍의 전면 세 개의 베이를 장식하여 이슬람 건축양식에 선례가 없는 구성이 되도록 하였다. 이러한 것은 수세기를 거치면서 점령지역의 그리스도교 문화와 이슬람교의 상호 공존의 표현이며, 모사라베라고 불리는 지역의

그리스도교인들을 이슬람의 문화 속에 흡수시켜 새로운 공존의 형태로 통합시켜나갔다고 볼 수 있다.

3. **고딕건축으로의 영향** : 마크수라에 사용된 다엽형 아치와 교차 아치는 고딕건축의 포인트 아치와 같은 기능으로 작용하였으며, 무카르나스 돔에 사용된 교차하는 립볼트 형태의 아치는 고딕 양식보다 100년이나 앞서 사용되었다. 이슬람 건축에 친숙한 노르만에 의하여 발전된 고딕건축은 지역적인 건축요소를 바탕으로 발전한 코르도바의 모스크와 같이 이슬람 양식을 적용하여 발전하였을 가능성이 있을 것이다.

4. **지역전통의 키블라 배치** : 최근까지 코르도바 대모스크를 소개하는 몇몇 관광안내 책자에서도 키블라는 메카를 향하고 있다고 기록되어 있으며, 이슬람 건축을 연구하는 학자들조차도 그렇게 믿고 인용하고 있을 정도로 코르도바 대모스크의 키블라 배치에 대한 잘못된 정보와 다양한 이론이 이슬람 학자들 간에 논쟁 중이다. 코르도바 대모스크와 같은 기념비적인 모스크 건물의 방향을 조사하는 것은 건물이 건축되는 도시의 특성과 역사성을 바탕으로 이해하는 것이 중요하다. 로마시대 신전 위에 건축된 것으로 추정되는 코르도바 대모스크의 키블라는 메카로부터 약 51° 남쪽으로 치우쳐 카바를 향하지 않는다. 키블라의 방향을 측정하는 것은 9세기 이후에 가능하였기 때문에 코르도바 대모스크를 건축할 당시 우마야드 전통에 따라 로마시대에 건설된 신도시의 도로 방향으로 건물을 배치하였으며, 당시 북부아프리카와 스페인 지역 대부분의 모스크들 또한 남쪽 벽체에 키블라를 두었다.

시리아로부터 탈출한 압드 알–라흐만 1세가 코르도바에 정착한 지 반세기도 지나지 않아 건축된 코르도바 대모스크는 우마야드 왕조 건축양식과 구성을 바탕으로 점령한 지역의 건축적인 요소를 최대한 사용하여 문화적인 이질감을 최소화하면서 이국의 땅에서 찬탈당한 우마야드 왕권의 생존과 지속성을 위한 건축물을 만들어 내었다. 이러한 역사적인 건물은 증축 동안 점령지역의 그리스도교 문화와 이슬람교의 상호공존을 추구하는 동시에 코르도바 칼리프 왕조의 권위를 강화하여, 새로운 공존의 형태로서 스페인 이슬람 건축양식을 구현하는 결과물로 보아야 할 것이다.

나가며

이슬람의 향기와 추억이 담긴 코르도바의 강렬한 햇살을 등 뒤에 두고 콰달비키르강이 굽이치는 로마다리를 건너면, 글과 그림으로만 보아왔던 익숙한 건물이 눈앞에 다가온다. 경사진 남쪽 강변으로 건물이 확장되면서 만들어진 성벽 같이 육중한 벽체와 왼쪽 편 바로크 양식의 박물관 자리에 있었던 이슬람 궁전*Alcázar* 사이로 난 경사로를 따라 올라가면 천 년 이상 세월의 흔적을 고스란히 담고 있는 벽기둥들 사이마다 장식되어 있는 말굽형 아치의 문들은 기도홀 내부로 진출입하기 위한 기능에 더하여 어두운 실내에 빛을 유입하기 위한 창문의 역할을 하였다는 것을 알 수 있다. 힘겹게 경사로를 오르다가 멀리서 마주하는 교회의 종탑으로 바뀐 미나렛*minaret* 은 기도의 시작을 알리기 위하여 수없이 오르내린 이름 없는 무에진*muezzin* 들의 땀방울들이 벽체에 묻어나는 것같이 보인다. 출입구를 통하여 내부로 들어서기도 전에 사흔*sahn* 이라고 부르는 코트야드와 세정을 할 수 있는 수반이 회랑으로 둘러싸여 있다는 것을 예측할 수 있는데, 스페인에서 가장 더운 곳으로 유명한 코르도바의 햇살에 지친 몸이 이곳에 들어서면 오렌지 나무들이 가득한 천국의 낙원같이 느껴진다. 방금 지나쳐 들어온 출입구 옆의 미나렛이 건설되면서 확장된 코트야드는 기도홀이 동쪽으로 증축될 때 한번 더 확장되어 한결 여유로운 정원을 거닐다 보면 블루모스크*Sultan Ahmed Mosque* 의 코트야드에서는 상상할 수 없는 물

코르도바 대모스크_중세 스페인 이슬람제국의 성소

소리와 새소리에 더하여 꽃향기를 덤으로 맡을 수 있다.

　오랜 시간 많은 이들의 기도 소리를 담고 있는 기도홀 내부에 들어서면 인공적인 조명이 없다면 건물의 깊이를 알 수 없는 어둠 속에서 2만 명이상의 무슬림들이 기도하는 모습이 쉽게 상상이 가지 않는다. 그러나 채광창 역할을 하는 입구의 문으로부터 들어오는 빛을 받아 수없이 반복되는 가는 기둥 위로 붉고 흰색의 꽃을 피운 듯 한 이단의 아치들은 눈에서 멀어질수록 색채의 그러데이션gradation 같이 점진적으로 옅어져 종교적인 감흥을 느끼도록 하기에는 충분하다. 알만조르Almanzor 에 의해 동쪽 방향으로 증축되어 미흐랍mihrab 을 향한 중심이 우측으로 치우쳐졌지만 주변의 아일aisle 보다 다소 넓은 교회의 네이브nave 와 같은 통로를 따라 나아가면 압드 알−라흐만 2세Abd al−Rahman II 에 의해 증축이 시작된 부분의 미세한 차이를 감지할 수 있으며, 알−하캄 2세al−Hakam II 에 의해 증축된 진입부에 들어서게 된다. 상부 천창으로부터 들어오는 빛과 화려한 다엽형 아치의 변형으로 마치 새로운 영역에 들어선 듯한 진입부는 도시와 왕조의 발전에 따른 변화의 흐름과 기존의 전통을 유지하려는 당시 건축가들의 고뇌가 느껴지는 공간이기도 하다. 이러한 진입부의 변화는 키블라 벽체에 있는 미흐랍mihrab 의 화려한 장식을 예견할 수 있는데, 무카르나스muqarnas 로 장식한 블루모스크의 전형적인 미흐랍 형태와는 달리 코르도바 대모스크 미흐랍은 독립된 실로 만들어 내부를 화려하게 장식하였다. 기도의 방향인 키블라qibla 를 상징하는 미흐랍이 이슬람의 성소인 카바Kaaba 를 향하고 있지 않으며, 모스크에 설치되었던 세 번째이자 마지막 미흐랍이라는 것을 이제는 안다. 빛나는 금색과 녹색을 사용하여 캘리그래피calligraphy 와 식물 문양의 모자이크mosaic 로 화려하게 장식한 미흐랍 입구 전면은 왕족의 기도공간인 마크수라maqsurah 로 만들어 진입부의 돔보다 더 화려하게 장식하였다. 정확한 위치는 분명하지 않지만 금요기도와 같은 행사 때 마크수라 전면 또는 우측면에 설치하였을 역사상 가장 화려한 민바르*minbar* 위에서 이맘이 설교하는 장면을 상상할 수 있는데, 내부 구성상 전면부에 위치한 기도자들만이 이맘의 모습과 설교를 들을 수 있었을 것이다.

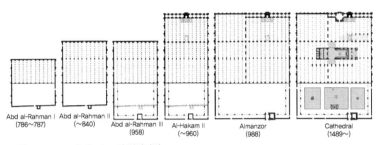

그림 100 코르도바 대모스크의 변화과정

이제는 어떠한 지역을 방문하든 멀리 미나렛을 가진 모스크를 마주하게 되면 건물 내부에 들어가기 전에 전체 건물의 구성을 머릿속에 쉽게 그릴 수 있을 것이다. 물론 모든 모스크가 동일한 규격과 형태로 표준화된 것이 아니라 건축된 지역의 양식을 바탕으로 발전하였기 때문에 다양한 요소들을 발견하게 되겠지만 새로운 정보의 수집과 비교하는 즐거움을 경험할 수 있을 것이다. 이 책을 통하여 코르도바 대모스크라는 새로운 건물을 보는 것이 아니라 원래부터 존재하고 있었던 것에 대한 새로운 눈이 열린 것이다. 이러한 새로움을 찾는 즐거움과 더불어 보는 힘을 키우는 것은 코르도바 대모스크에서만 한정할 것이 아니라 여러분의 관심과 눈길을 기다리고 있는 수없이 많은 기념비적인 건물을 향하여야 할 것이다.

코르도바 대모스크_중세 스페인 이슬람제국의 성소

참고문헌

Abdullahin et al. (2013). Evolution of Islamic Geometric Patterns, *Frontiers of Architectural Research* 2, 243−251.

Alsabban, R. (2017). Analystical Study of the Mihrab Dome at Cordoba's Great Mosque and the Determination of Islamic Prayer Times in the Umayyad Period, *International Journal of Heritage Architecture*, 1(3), 483−493.

Akkach, S. (2005). *Cosmology and Architecture in Premodern Islam: An Architectural Reading of Mystical Ideas*. State University of New York Press.

Anderson, G. (2002). The Cathedral in the Mosque and the Two Palaces: Additions to the Great Mosque of Cordoba and the Alhambra during the Reign of Charles V, *Jstor*, 25, 48−55.

Ann, C. (2001), *Christians in Al-Andalus*, 711−1000. Richmond.

Arce, I. (2003). From the Diaphragm Arch to the Ribbed Vault. An Hypothesis for the Birth and Development of a Building Technique, *International Congress on Construction History*, 225−241.

Arnold, F. (2017), *Islamic Palace Architecture in the Western Mediterranean: A History*. New York: Oxford University Press.

Arnold, F. (2018). Mathematics and the Islamic Architecture of Cordoba, *Arts*, 7(35), 2−3.

Asad et al. (2002). *The Mosque: History, Architecture Development & Regional Diversity*. London.

Barrucand & Bednorz (2002). *Moorish Architecture in Andalusia*. London.

175

Blair, S. & Bloom, J. (1995). *The Art and Architecture of Islam*. Yale University Press.

Bloom, J. (1989). *Minaret: Symbol of Islam*. University of Oxford.

Bloom, J. (2020). *Architecture of the Islamic West: North Africa and the Iberian Peninsula* 700–1800. Yale University Press.

Bonine, M. (2008). Romans, Astronomy and the Qibla: Urban Form and Orientation of Islamic Cities of Tunisia, African Cultural Astronomy, 145–178.

Broug, E. (2008). *Islamic Geometric Patterns*. Thames & Hudson.

Buchanan, A. (2004). *States, Nations, and Borders: the Ethics of Making Boundaries*. Cambridge University Press.

Burckhardt, T. (2009). *Art of Islam, Language and Meaning: Commemorative Edition* World Wisdom, 128.

Burman, T. (1994). *Religious Polemic and the Intellectual History of the Mozarabs* c. 1050~1200. Leiden.

Burns, R. (2007). *Damascus: a History* London.

Cantizani–Oliva et al. (2023), Proportions and Deformations in the Mosque–Cathedral of Cordoba, *Nexus Network Journal*, vol. 25, 145–165.

Carrillo, A. (2014). Architectural Exchanges between North Africa and the Iberian Peninsula: Muqarnas in al–Andalus, *the Journal of North African Studies* 19, 68–82.

Chejne, A. (1974) *Muslim Spain: Its History and Culture*. University of Minnesota Press, 364.

Christys A. (2017). The Meaning of Topography in Umayyad Cordoba, *Cities, Texts and Social Networks*.

Clévenot, D. & Degeorge, G. (2000). *Ornament and Decoration in Islamic Architecture*. Thames & Hudson.

Collins, R. (2014). *Caliphs and Kings: Spain*, 796–1031. Wiley Blackwell, 191.

Creswell, K. (1968). *A Short Account of Early Muslim Architecture*. Beirut.

Critchlow, K. (2004). The Use of Geometry in Islamic Lands, *Architectural Design*, 74(6), 73.

Critchlow, K. (1976). *Islamic Patterns: An Analytical and Cosmological Approach*. Schocken Books.

Dodds, J. (1992). The Great Mosque of Cordoba, Al—Andalalus, *The Art of Islamic Spain*, 11—24.

Ecker, H. (2003). The Great Mosque of Cordoba in the Twelfth and Thirteenth Centuries, vol. 20, *Jstor*, 113—141.

El—Said, I. et al. (1993). *Islamic Art and Architecture: The System of Geometric Design*. Garnet Pub.

Erzen, J. (2011). Reading Mosques: Meaning and Architecture in Islam, *Journal of Aesthetics and Art Criticism*, 69(1), 125—131.

Esposito, J. (2014). *Mosque, The Oxford Dictionary of Islam*. Oxford University Press.

Fletcher, B. & Cruickshank, D. (1996). *History of Architecture*, 20th ed. Architectural Press.

Fletcher, R. (1992). *Moorish Spain*. University of California Press.

Flood, F. (2001). *The Great Mosque of Damascus: Studies on the Makings of an Umayyad Visual Culture*. Brill.

Franco—Sanchez, F. (2004). Geographical and Historical Framework: the Iberian Peninsula under Muslim Government 8th—15th Centuries, *Journal of Medieval Iberian Studies*, 37—47.

Freely, J. (2011). *History of Ottoman Architecture*. WIT Press.

Fuentes—González, P. (2019). The Islamic Crossed—Arch Vaults in the Mosque of Córdoba, *Nexus Network Journal*.

Fuentes & Huerta. (2016). Geometry, Construction and Structural Analysis of the Crossed—Arch Vault of the Chapel of Villaviciosa, in the Mosque of Córdoba, *International Journal of Architectural Heritage*, 10(5): 589—603.

Fuentes, P. (2012). The Islamic Crossed—Arch Domes in Cordoba: Geometry and Structural Analysis for the "Capilla de Villaviciosa". In Nuts & Bolts of Construction History, *Culture, Technology and Society*, 317—324.

Gaffney, P. (2004). *Masjid, Encyclopedia of Islam and the Muslim World*. MacMillan Reference.

Gámiz—Gordo, et al. (2021). The Mosque—Cathedral of Cordoba: Graphic Analysis of Interior Perspectives by Girault de Prangey around 1839, *ISPRS International Journal of Geo-Information*.

Goodwin, G. (1991). *Islamic Spain*. Penguin.

Glick, T. (2005). *Islamic and Christian Spain in the Early Middle Ages*. Brill.

Grube, E. & Michell, G. (1995). *Architecture of the Islamic World: Its History and Social Meaning with a Complete Survey of Key Monuments and 758 Illustrations, 112 in Colour*. Thames & Hudson.

Guia, A. (2014). *The Muslim Struggle for Civil Rights in Spain, 1985~2010: Promoting Democracy Through Islamic Engagement*. Sussex Academic Press, 137.

Gutiérrez, C. (2018). The Role and Meaning of Religious Architecture in the Umayyad State: Secondary Mosques, *Arts* 7, 63.

Hakim, B. (1991). Urban Design in Traditional Islamic Culture: Recycling Its Successes, *Cities*, 8(4), 274−277.

Hakim, B. (1986). *Arabic-Islamic Cities: Building and Planning Principles*. London.

Hakim, B. & Rowe, P. (1983). The Representation of Values in Traditional and Contemporary Islamic Cities, *Journal of Architectural Education*, 36(4), 22−28.

Hammad, R. N. (1997). Islamic Legislation in Land Use and Planning and Its Effect on Architectural Style, *Open House International*, 22(2), 54−60.

Hillenbrand, R. (2014). The Great Mosque of Cordoba, *The Ornament of the World, Medieval Cordoba as a Cultural Centre*, 130−131.

Hildebrand, R. (2012). Architectural Origins of the Mosque of Cordoba, *Nebraska Anthropologist*, 175.

Hillenbrand, R. (1994). *Islamic Architecture*. Edinburg University Press.

Hong, SW. (2019). The Study on the Elements of Architectural Composition and the Arrangement of Qibla in the Great Mosque of Cordoba, *Journal of the Architectural Institute of Korea*, 36(9), 71−78.

Irwin, R. (2004). *The Alhambra*. Harvard University Press.

Kaptan K. (2013). Early Islamic Architecture and Structural Configurations, *International Journal of Architecture and Urban Development*, 3(2).

Kennedy, H. (1996). *Muslim Spain and Portugal: a Political History of al-Andalus*. London, 342.

Kennedy (1973). Ḥabash al−Ḥāsib's Analemma for the Qibla, 68.

Khoury, N. (1996). The Meaning of the Great Mosque of Cordoba in the Tenth Century, *Jstor*, 80−98.

King, D. (2018), The Enigmatic Orientation of the Great Mosque of Cordoba,

33−116.

Knapp, R. (1983). *Roman Córdoba*. University of California Press.

Kuban, D. (1974), *The Mosque and Its Early Development, Muslim Religious Architecture*. Leiden: Brill, 3.

John, D. (2004). *Islamic Architecture*. Electa Architecture.

Jonathan M. (1988). The Introduction of the Muqarnas into Egypt, *Muqarnas* 5, 21−28.

Lamprakos, M. (2016). Memento Mauri: The Mosque-Cathedral of Cordoba, *Aggregate*.

Leacroft, H & Leacroft R. (1976). *The Buildings of Early Islam*. London.

Lowney, C. (2006). *A Vanished World: Muslims, Christians, and Jews in Medieval Spain*. Oxford University Press.

Manuela, M. (1994). The Political History of Al−Andalus, *The Legacy of Muslim Spain, BRILL*, 19.

Michell, G. (1978). *Architecture of the Islamic World: Its History and Social Meaning*. Thames and Hudson, London.

Murphy, J. (1813). *The Arabian Antiquities of Spain*. London.

Nanic, N. (2021). An Alternative Approach to Geometric Harmonization of the Great Mosque in Cordoba, *Prostor*, 187−197.

Nasr, S. (1981). *Knowledge and the Sacred*. Edinburgh.

Omer, S. (2002). Studies in The Islamic Built Enviroment, *Kuala Lumpur: International Islamic University Malaysia*, 255.

Prochazka, A. (1988). Determinants of Islamic Architecture, Architecture of Islamic Cultural Sphere, *Zurich, Switzerland: Muslim Architecture Research Program* (MARP), 167.

Remondino, F. (2011). Heritage Recording and 3D Modeling with Photogrammetry and 3D Scanning, *Remote Sens*, 3, 1104−1138.

Roberts, D. (1837). *Picturesque Sketches in Spain Taken during the Years 1832~1833*. London.

Ruggles, D. (2000). *Gardens, Landscape and Vision in the Palaces of Islamic Spain*. Penn State Press.

Salamone, F. (2004). *Encyclopedia of Religious Rites, Rituals and Festival*. New York.

Stalley, R. (1999). *Early Medieval Architecture*. Oxford University, 19.

Stephennie, M. (2014). *The Shrines of the 'Alids in Medieval Syria : Sunnis, Shi'is and the Architecture of Coexistence*, Edinburgh University Press.

Taib, M. (2009). Islamic Architecture Evolution: Mosque Design. *International Institute of Islamic Thought and Civilization, International Islamic University Malaysia* (ISTAC)

Turner, H. (1997). *Science in Medieval Islam: An Illustrated Introduction*. University of Texas.

Website, (2023). Encyclopædia Britannica, Wikipedia, Khan Academy, etc.

코르도바 대모스크

중세 스페인 이슬람제국의 성소

초판 발행 2024년 1월 25일

지 은 이 홍성우
펴 낸 이 김성배
펴 낸 곳 도서출판 씨아이알

책임편집 신은미
디 자 인 윤현경 엄해정
제작책임 김문갑

등록번호 제2-3285호
등 록 일 2001년 3월 19일
주   소 (04626) 서울특별시 중구 필동로 8길 43(예장동 1-151)
전화번호 02-2275-8603(대표)
팩스번호 02-2265-9394
홈페이지 www.circom.co.kr

I S B N 979-11-6856-193-9 93540